黑柿

磨盘柿

四周柿

富平尖柿

西村早生

元宵柿

镜面柿

罗田甜柿

富有

阳丰

次郎

太秋

火晶柿

鸡心黄

上西早生

禅寺丸

前川次郎

莲花柿

大秋田

博爱八月黄

晚御所

兴津 20

小萼子柿

恭城水柿

安溪油柿

橘蜜柿

眉县牛心柿

水柿

怀胎柿

大火罐头

月柿

金瓶柿

八月红

车串柿

面担柿

火罐柿

平核无

甜宝盖

新丘

早丘

夕红

甘秋

恭城柿饼

富平吊柿饼

广西水晶柿子饼

庄里合儿饼

青州柿干

隐士流心柿饼

# 柿树优质高效栽培管理技术

张晓宇◎主编

西北农林科技大学出版社

·杨凌·

图书在版编目（CIP）数据

柿树优质高效栽培管理技术 / 张晓宇主编. -- 杨凌:
西北农林科技大学出版社, 2021.12

ISBN 978-7-5683-1059-8

Ⅰ. ①柿… Ⅱ. ①张… Ⅲ. ①柿—果树园艺 Ⅳ.
①S665.2

中国版本图书馆CIP数据核字(2021)第260266号

柿树优质高效栽培管理技术

张晓宇　主编

---

| | | | |
|---|---|---|---|
| 出版发行 | 西北农林科技大学出版社 | | |
| 地　　址 | 陕西杨凌杨武路3号 | 邮　编： | 712100 |
| 电　　话 | 总编室：029-87093195 | 发行部： | 029-87093302 |
| 电子邮箱 | press0809@163.com | | |
| 印　　刷 | 陕西天地印刷有限公司 | | |
| 版　　次 | 2022年12月第1版 | | |
| 印　　次 | 2022年12月第1次印刷 | | |
| 开　　本 | 787 mm × 960 mm　1/32 | | |
| 印　　张 | 8.25 | | |
| 字　　数 | 184千字 | | |

ISBN 978-7-5683-1059-8

定价：46.00元

# 《柿树优质高效栽培管理技术》

## 编写人员


主　　编　张晓宇

参编人员　王建国　白建荣　韩婉阳　韩文宁
　　　　　梁丽娟　曾燕妮　杜月娥　田华锋
　　　　　董绒叶　杨　维　冯　莉　孙杜闯
　　　　　高治中　韩海峰　熊　勇　任　博
　　　　　庄丽娟　贺　琳

# 前言

Preface

柿树栽培在我国已有几千年的历史，品种资源极为丰富，我国南北方均有分布，总栽培面积已达到20万公顷，年产量329万吨，均居世界第一位。柿树适应性强，抗旱耐涝，管理容易，成本低，病虫害少，无污染。果实味甘甜清爽，不仅营养丰富，而且还有保健医疗价值。柿果除鲜食外，还可加工成柿饼、柿脯、柿醋、柿酒、柿酱、柿果丹皮等产品，一直深受人民群众的喜爱。

调查发现，目前我国的柿子产业仍然存在着各种问题，如：栽培技术落后，生产管理粗放；品种结构不合理，良种化程度较低；种植分散，未形成特色产业；贮藏保鲜脱涩保脆技术严重滞后；生产中化肥、农药使用不规范，常有使用高毒、高残留农药等。为此，我们组织多年从事柿子栽培实用技术研究的专业技术人员编写了本书。

本书详细介绍了柿树的相关问题。比如：生产现状及存在的问题和解决途径、柿子主要种类和品种、生物学特性及对环境条件的要求、优质高效栽培管理技术、主要病虫害无公害防控、果实采收与脱涩等，可为广大柿农生产提供参考。

在编写过程中，陕西省富平县基层专业技术人员和广大柿农为本书提供了部分生产管理经验。相关同事还大量查阅并引用了国内外文献资料，在此一并表示由衷的感谢。

由于编者水平有限，书中疏漏和不妥之处在所难免，敬请同行、专家及读者批评指正。

编者

2021年5月

# 目录 CONTENTS

# 第一章

# 概　述

## 一、柿的栽培历史和经济价值

### （一）起源和栽培历史

柿（*Diospyros kaki* Thunb.）属于柿科（Ebenaceae）柿属（*Diospyros*），是柿属植物中作为果树利用的代表种，也是我国重要的干果树种之一，栽培历史悠久。柿子自古产于东亚，但关于柿原产地问题的看法不尽一致。我国学者认为柿原产于我国长江流域及西南地区，广东、广西、福建、四川、湖南、湖北、江苏、浙江等省（区）山区至今尚有野生柿分布。日本一部分学者认为柿原产东亚，包括中国、日本和朝鲜半岛在内。另一部分学者认为柿原产我国的黄河下游，在奈良时代（700年前后）传入日本。考古发现在我国发现了250万年前的新生代野柿叶的化石，据报道日本、韩国也有类似的发现。柿子在一万年之前已被利用，栽培柿最早在中国西安出现。中国柿子栽培的历史，根据柿遗迹、文物、文献资料及现存古树推断，大体可分五个阶段：

野生采集期（公元前8000～公元前1000年）在原始社会与奴隶社会的夏朝、商朝，人们常以狩猎、采集为生。最初柿树处于野生状态，由鸟兽传播，自生自灭，人们仅采集柿果实充饥。在浙江省浦江上山出土的柿核距今已有 1 万年之久，在田螺山出土的柿核距今也有 6 500 年，这些柿核是从食物残渣混合物中清理出来的。足以证明当时柿子仅处于野生采集被食用的事实。

驯化栽培期（公元前 1000 ～ 500 年）人们在野外采集过程中掌握了柿子脱涩方法,脱涩后风味颇佳,于是向上层进献。为了就近采摘，于是柿树作为奇花异木被栽植在庭园之中。《礼记 · 内则》中规定了柿是国君日常食用的 31 种美味食品之一，［梁］简文帝在《谢东宫赐柿启》中称赞柿好吃，是“甘清玉露，味重金液。”《上林赋》中有“枇杷橪柿”等果树，《晋宫阁名》中有“华林园柿六十七株，晖章殿前柿一株”等的记载。《齐民要术》中“柿，有小者栽之；无者，取枝于软枣根上插之，如插梨法。”明确记述了野生变栽培的事实，由于掌握了柿树嫁接技术，生产也有了一定规模。正如《梁书 · 地理志》记载了当时柿的发展情况：“永泰元年瑀为建德令。教民一丁种十五株桑、四株柿及梨。女丁半之。人咸欢悦。顷之成林。”

规模栽培期( 581 ～ 1367 年 )自唐宋以来人们对柿的优点，看得越来越清楚。唐人段成式在《酉阳杂俎》中，总结出柿树有七大好处：“柿有七绝：一树多寿，二叶多荫，三无鸟巢，四无虫蠹，五霜叶可玩，六佳实可啖，七落叶肥大，可以临书”。孟诜、陈藏器等医学家证明柿有很高的药用价值，从而更提高了柿的身价。在实践中发明了温水脱涩、鲜果脱涩及柿饼加工、用冷盐水渍贮藏等技术,并筛选出一些优良品种。由于用途的扩大，脱涩方法和贮藏加工技术的改进，柿子栽培得到了进一步发展，栽植数量已相当可观，往往在一个地方有成千上万株栽植的。如［唐］韩愈在《游青龙寺赠崔大补阙》诗中有“友生招我佛寺行，正值万株红叶满。”之句，11 世纪［南宋］马永卿《嬾真子录》中写道：“仆士于关陕，行村落间，常见柿连数里。”都反映了当时柿树种植的规模。

主产地形成期（1368 ～ 1980 年）元末明初时期自然灾害频繁，人们对柿果和柿饼可以代粮充饥有了深刻的认识。据传明太祖朱元璋在做皇帝以前曾亲身体会到柿子代粮充饥的作用，为此朝廷倡导发展，在自然灾害频繁的北方山区，几乎户户栽植。正如徐汝为的《荒政要览》和徐光启的《农政全书》“柿考”内所记：“三月秧黑枣，备接柿树，上户秧五畦，中户秧二畦；凡陡地内，各密栽成行；柿成做饼，以佐民食。”又记“今三晋泽沁之间多柿，细民乾之以当粮也，中州、齐、鲁亦然”。又如朱权在《臞仙神隐》中说：“防俭饼，以栗子、红枣、胡桃、柿饼四果去核皮，于碓（石臼）内一处捣烂揉匀，捻作厚饼，晒干收之，以防荒俭之用。”《嵩书》“二室之下，民多种柿，森蔚相望。戊午（1618 年）大旱，五谷不登，百姓倚柿而生”。《抚郡农产考略》也记有“柿糠山西省人常为之。光绪戊寅（1878 年），晋省大饥，黎城县民赖柿糠全活，无一饿莩者”。因此，各地柿树栽培的发展很快，特别是贫困的山区对柿树栽培更为重视，这样便形成了黄河中下游为我国柿的主产地的格局。不过，此时栽培模式仍是零星栽植，相对集中，放任自流。除柿饼外，自给自足，就地销售。

园艺栽培期（1980 年以来）改革开放以后，随着人们生活水平的提高，对柿的要求也越来越高，不但追求其数量、也注重其品质。科技人员也从多方面对柿子进行研究，相关科学技术得到长足发展，规模化脱涩、交通运输条件得以改善，柿也作为一种时令果品进入了市场。在市场引导下，农民由于经济利益的驱动，学习技术的积极性空前高涨，优良的甜柿品种得到长足发展，不良的涩柿品种逐步被淘汰；柿产区有了新的变化，沿海各省发展迅速，如广西由原来排名在第十位跃居全国之首。在柿树栽培技术方面正在由传统的只种不管、放任自流的栽培模式改为园艺栽培模式，集约化商品生产基地不断出现，生产出商品性强的优质柿子供应国内外市场。

日本的栽培柿是直接栽培或通过朝鲜半岛从我国引进的。在 10 世纪时日本有柿果利用的文献记载，但作为果树栽培并得到迅速发展是在 17 世纪以后。朝鲜半岛至少在 500 年以前的李朝已经开始栽培柿树。欧洲 19 世纪初自我国引入柿树，美国 19 世纪中叶自日本和我国引种。1888 ～ 1889 年，柿由我国传到俄罗斯高加索黑海沿岸。

### （二）经济价值

柿树适应性强，栽培管理容易。树的寿命长，产量高。果实色泽艳丽，味甘甜多汁，营养丰富。柿树不论是在平地、山地，还是在盐碱地、土质瘠薄地，都能种植，而且生长良好。尤其是它耐盐碱力较强，是适宜海滩开发种植的主要树种之一。柿树在一般栽培管理条件下，二三十年生树单株可结果 100 ～ 200 kg，四五十年生树产量可达 400 ～ 500 kg。

在柿主产区，到处可见一二百年生的大树仍果实累累。如陕西富平柿产区，至今仍有一棵被誉为“寿星”的柿子树，据史料记载该树树龄已有 1 400 余年。

柿果含有 10% ～ 22% 的可溶性固形物。每 100 g 鲜果中含有蛋白质 0.7 g，糖类 11 g，钙 10 mg，磷 19 mg，铁 0.2 mg，维生素 0.16 mg，维生素 P 0.2 mg，维生素 C 16 mg，是梨的维生素 C 含量的 5 倍。柿果主要用于鲜食。在柿果销量较大的中国、日本、菲律宾、朝鲜、新加坡、马来西亚和印度尼西亚等国家，人们除日常食用外，还把柿果作为传统的节日佳品。我国明、清代以后，把柿果作为“木本粮食”。现今，很多地区仍把柿果作为时令果品，因而广泛栽培柿树。

柿果除了鲜食外，可加工成柿饼、柿酱、柿干、柿糖、柿汁、果冻、果丹皮、柿酒、柿醋、柿晶和柿霜等食品。我国柿产区的群众，自古以来就有以柿果加面粉制作糕饼的传统做法。用烘柿和柿饼制作的食品，一直深受人民群众的喜爱。由此看来，柿树是有价值的木本粮食果树。

柿蒂、柿涩汁、柿霜和柿叶，均可入药，能治疗肠胃病、心血管病和干眼病，还有止血润便、降压和解酒等作用。柿霜对热痰咳、口疮炎、喉痛和咽干等症，有显著疗效；柿蒂可治疗呃逆、百日咳及夜尿症；柿涩汁里含有单宁类物质，是降压的有效成分，对高血压、痔疮出血等症，都有疗效。柿叶茶，最早是日本民间饮用；如今，我国也开始生产柿叶茶，供应市场。柿叶茶含有类似茶叶中的单宁、芳香类物质，还含有多种维生素类、芦丁、胆碱、蛋白质、矿物质、糖和黄酮苷等。其干叶里维生素 C 最多，100 g 干叶中含有 3 500 mg 维生素 C。常饮柿叶茶，对稳压、降压、软化血管、清血和消炎，均有一定的疗效，还可增强人体新陈代谢，有利小便、通大便、止牙痛、润皮肤、消除雀斑、除臭和醒酒等作用。

柿树适应性及抗病性均强。叶片大而厚，到了秋季柿果红彤彤，外观艳丽诱人；到了晚秋，柿叶也变成红色，此景观极为美丽。故柿树是园林绿化和庭院经济栽培的最佳树种之一。尤其是当前广大农村正在发展庭院经济的情况下，可大力推广柿树这一理想树种，既可美化环境，又可获得较为可观的经济效益。

### （三）发展前景

柿子是我国的传统特色果品，产量占世界柿子总产量的90%，接近200万吨。据联合国粮食及农业组织（FAO）的统计，2012年全世界柿树栽培面积81.35万公顷，产量446.90万吨，其中我国栽培总面积73.48万公顷，产量338.60万吨，居世界第一位，占世界总产量的75.77%；其次是韩国，2012年鲜果产量40.10万吨，其中甜柿约占80%；日本柿鲜果年产量25.38万吨，其中60%为甜柿。中国、韩国、日本三国柿产量占世界总产量的90%。

2016年世界各国柿产量占世界总产量的比例（FAO 2018年统计数据）国外柿的生产国以小到中等经济体居多，发达国家如日本、韩国、西班牙等产业规模较小，美国、俄罗斯、印度和东南亚等国家和地区由于气候和饮食传统等原因尚未形成规模。柿产业是中国的特色和优势产业，有广阔的国内和国际市场，但我国柿单位面积产量在年产量排名前6位的主产国中是最低的，说明还有较大的增长空间。

柿果属稀有果品。据当时农业部调查，2016年柿果产量仅占我国所有果品产量的2.19%。我国主要柿饼产品有广西恭城、平乐用月柿加工的月柿饼，陕西富平用富平尖柿加工的富平柿饼，陕西商州用干帽盔加工的柿饼，山东青州、临朐用小萼子加工的临朐柿饼，以及山东菏泽、山西万荣、河南渑池等地加工生产的柿饼。

类胡萝卜素是柿子果实中的主要色素，在成熟的柿子果实中类胡萝卜素含量为5～10 μg/g，较苹果、梨、柑橘均高，柿子果皮中类胡萝卜素含量极为丰富，是提取天然类胡萝卜素很好的原料。天然色素具有抗癌性、增加免疫力、消除自由基等作用，天然色素代替合成色素已是当今发展的趋势。柿子单宁是从柿子中提取的天然活性成分，是柿子的主要酚类物质。经研究血清白蛋白与单宁有较好的亲和作用，能正常转入人体内进行代谢。另外单宁具有强氧化性、毒副作用低，可用于研发化妆产品。柿叶中含有多种活性成分，如维生素C、多种黄酮甙类、二萜类、胆碱、β-胡萝卜素等。柿叶提取物具有抗氧化性，可与茶多酚、橙皮甙等这些天然抗氧化物相媲美，有望开发为新型天然食品抗氧化剂。柿皮中类胡萝卜素、总酚、维生素C等活性物质含量极为丰富。陈栓虎等致力于对柿子皮综合利用和深加工的研究，先后成功研制了柿子果胶、柿皮膳食纤维添加剂、柿皮果冻、柿皮果酒及柿皮软糖等产品，提高了柿子的经济价值。

加入世贸组织后，对加快我国柿子发展有一定的优势。但目前我国柿子品种单一、老化，亟待改进。

据了解，一些农业大国如美国、加拿大、澳大利亚、法国等基本不生产柿子，不会冲击我们的国内市场，也不会对我国柿子出口形成竞争。日、韩均属农业小国，而且同中国相似也属于小农经济，两国的柿子生产成本比我们高得多，不会对我们占领国内外柿子市场形成太大竞争。近几年，柿子价格稳中有升，使许多柿子产区将柿子作为重点果品扩大栽培面积。

作为我国的特色果品，柿子虽然具有很高的营养价值，然而吃柿子的人远没有吃苹果、香蕉的人多。柿子作为土特产品，也没有远销海外，仅有韩国、日本等零星客户少量采购柿饼。原因是中国的柿子基本是涩柿，涩柿成熟后需要脱涩才能食用。而现行的脱涩技术，使柿子脱涩后即变软、变黑，不便于贮运，摆不上货架。现在，北方人要吃软柿子、冻柿子，而对习惯于吃硬脆柿子的南方人和外国人来说，仍然是“吃柿子难”。另一个重要原因是柿子的加工品种太单调，除了带白霜的柿饼外，市场上很少见到其他柿子加工品。以上问题直接影响了柿子的市场销售，以致一些地方出现柿子销售难、果贱伤农的现象。此外，柿子在生产栽培、管理、品种等方面也存在诸多不足。如品种单一、管理粗放、树体高大等，至今仍少见集约化经营、现代经营、现代化管理的柿园。

从国外市场看，随着柿加工品和柿提取物研发的深入，越来越多的不具备生产柿的国家（地区）开始进口柿产品。据 FAO 统计，2012 ～ 2016 年，全球柿果进口量年均增长 17.61%，进口量持续高位的国家（地区）主要为：俄罗斯、哈萨克斯坦、德国、法国、波兰、白俄罗斯、意大利、立陶宛、泰国、加拿大。这些多为不种植柿树的国家（地区）。尤其是中国引入日本甜柿并大面积推广后，所生产的甜柿几乎全部返销日本（部分销往韩国）。未来随着中国柿种植和产后加工技术的改进，中国柿出口还有很大的发展空间。

为了发展中国柿子，把柿子推向国际市场，我们应做好以下工作：引进新的柿子品种，特别是甜柿品种；引进先进的栽培技术；矮化柿树，实行柿树的产业化管理；实行先进的脱涩技术，使柿子脱涩后仍然保持新鲜、硬脆的状态；研究先进的保鲜技术，使柿子均衡上市；研制柿子酒，生产柿子茶、透明柿饼、柿子羹、柿蛋皮等柿子系列加工品，延长它的产业链。

## 二、生产现状及存在的问题和解决途径

### （一）柿树的生产现状

在我国，除黑龙江、吉林、内蒙古、宁夏、青海、西藏等省（自治区）外，其他各地均有柿树栽培。我国柿子产区主要为广西、河南、河北、陕西地区，2019 年柿子产量均超 20 万吨。其中广西 2019 年柿子产量为 110.6 万吨，位居全国第一；河南柿子产量为 46.6 万吨，位居全国第二；河北地区柿子产量为 29.3 万吨，位居全国第三；陕西柿子产量为 28.7 万吨，位居全国第四（图 1–1）。

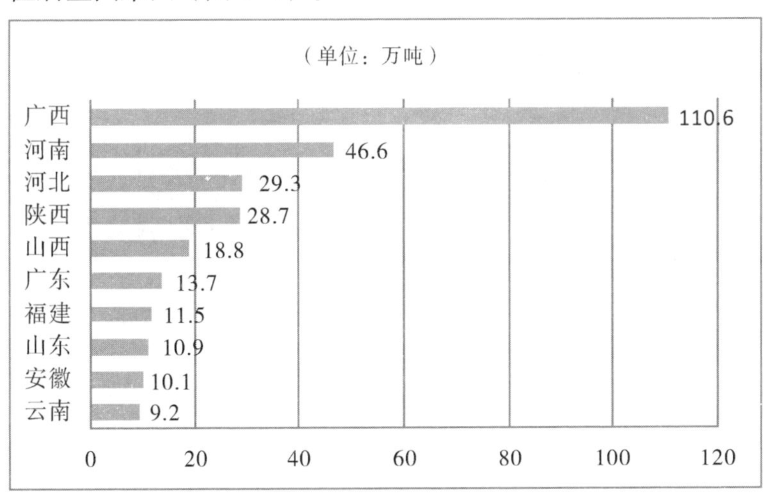


图 1–1　2019 年中国柿子产量 Top10 地区

（资料来源：国家统计局）

我国柿子产区主要为广西、河南、河北和陕西，累计占全国产量比重达67.8%。其中广西地区柿子产量占柿子总产量的33.6%；河南地区柿子产量占柿子总产量的14.8%；河北、陕西地区柿子产量各占柿子总产量的9.7%（图1–2）。

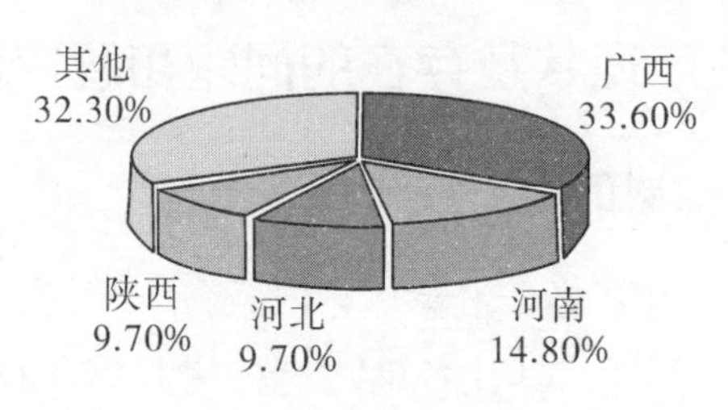


图1–2　2019年中国柿子主产区占比

（资料来源：国家统计局）

由于自然条件和社会经济的影响，在长期栽培过程中形成了一条十分明显的柿树分布界限。此分布界限，大致为年降水量450 mm以上、年平均气温10℃的等温线经过的地方，即东起辽宁省的大连，跨海入山海关，沿长城往西至八达岭，再沿内长城斜向西南，入山西省后沿五台山、云中山、吕梁山再入陕西省的延水关，经洛川折向西，绕过子午岭达甘肃省的庆阳，过泾川、平凉，沿六盘山南下至天水、甘谷、武山，再经岷县、舟曲达到四川，沿四川盆地西达松潘、茂县、汶川、金川、丹巴、康定、冕宁，过木里进入云南，再沿金沙江南下至金江，到南润后顺澜沧江至我国南界。在该分布线以北和以西的地方，柿树十分稀少，除个别小气候条件较好的地点外，很少栽培。

柿树喜温暖气候，温度对柿树分布和经济栽培起决定性作用。一般认为年平均温度9℃为柿树生存的临界温度，10℃为柿树生产的临界温度，13℃为柿树经济栽培的临界温度。

在年平均温度 13 ～ 19℃的地区，柿树春季萌芽早，秋季落叶晚，生长期长，如果日照充足，肥水条件能满足柿树生长发育需要，则产量高，果实品质好，为柿树的经济栽培区域。在年平均温度 19℃以上的地区，柿树呼吸旺盛，影响糖分积累，果面粗糙，果实品质不佳。

朝鲜半岛的柿子可追溯到 13 世纪末。然而直到 20 世纪五六十年代，柿子的商品化生产才正式起步，并逐渐成为农业生产的重要组成部分。柿子栽培北限位于镇南浦和元山地区的连接线上。在朝鲜南部的海岸线也有柿子栽培，但经济生产限于韩国，优良品种主要集中在韩国的庆尚南道、北道，其次是全罗南道、北道。据统计，韩国共有 233 个柿品种，其中本地品种 186 个，其余均为外来品种。据远藤（1988 年）调查，韩国的许多品种与日本海一带的日本品种在形状、肉质上极具相似。例如韩国的“盘柿”“水柿”“庆山盘柿”等在外观和肉质上都与日本的“平核无”“寺社”相近似。韩国的“霜柿”“高种柿”与日本的“横野柿”相近似。

近几年，韩国从日本引进了“富有”及其芽变的甜柿品种以逐渐取代本地品种，“富有”等栽培面积迅速扩大，已成为韩国的主栽品种。1975 ～ 1995 年的 20 年间，柿子发展迅速，柿子的栽培面积，1975 年是 6 679 公顷，1995 年是 2.5 万公顷。1995 年柿子总产量 19.4 万吨。1995 年，韩国果树栽培面积为 1.7 万公顷，总产量为 230 万吨，柿子种植面积为水果种植总面积的 14.4%，但产量为水果总产量的 8.5%。主栽品种中，80% 是甜柿，20% 是涩柿，“富有”独占甜柿产量的 85%。

根据 1990 年日本农林水产省调查，甜柿品种的栽培面积占柿总面积的 47%，其中“富有”占 31%。不完全甜柿的“平核无”和“刀根早生”的栽培面积占26%。再往下是“松本早生富有”“西村早生”及涩柿的“蜂屋”和“西条”。现在，“西村早生”成为最主要的出口品种。“峰屋”多被加工成柿饼很少鲜食，“伊豆”是1970年定名的新品种。

大约在17世纪初，来中国旅行的传教士将柿子带回了欧洲，但欧洲柿子的生产栽培始于19世纪初，主要在地中海沿岸栽培，近些年他们直接或经美国从日本引进不少品种。意大利现有柿子栽培面积9 000公顷，柿果主要向法国和德国出口。法国只有2公顷的柿面积。此外，土耳其及地中海沿岸各国均有柿子栽培。

北美大陆原产柿子有 *D.virginiana* L. 涩柿，个小。东亚的柿子导入美国始于1828年。1870年，美国又从日本大批引入了柿嫁接苗，栽在加利福尼亚及南部诸州。品种有“蜂屋”“清州无核”“衣纹”等。此后，美国又多次从日本引入柿品种苗木，到20世纪初，又引进了“富有”及其芽变甜柿品种。同时期，美国认为中国北部栽培的柿子，比日本柿子抗寒性强，且更适于美国的风土，于是从中国北部引进了磨盘柿。现在美国栽培的涩柿品种有“蜂屋”“平核无”“鹤子”“衣纹”“大磨盘”“美浓”等，甜柿有“富有”及其芽变品种，“禅寺丸”“江户一”“御所”“甘百目”“黑熊”“妙丹”等。

20世纪70年代后，新西兰的研究机构从日本引进了许多柿品种，尤其是甜柿品种。近些年，柿子作为猕猴桃的互补水果得到了迅速发展。主栽品种为“富有”，其次是“次郎”和“平核无”，栽培面积有100多公顷（1988年统计）且在不断扩大。新西兰大量发展柿子的主要目的之一是向日本出口，利用季节差来占领日本的柿淡季市场。

此外，巴西、以色列、智利、澳大利亚、比利时等国近年也竞相发展柿树。在东南亚各国，尤其是在泰国柿树发展迅速，其栽培面积已经大大超过了日本。

## （二）生产中存在的问题

当前中国还未专门针对柿产业制定过发展规划，广西作为中国最大的柿种植主产省，也没有出台过柿产业发展规划。且中国科研经费基本都需要竞争争取，在缺乏稳定的、可持续的经费保证下，只能开展阶段性研究，难以确保项目研究的连贯性，难以调动科研人员的积极性。在此情况下，科研单位间也存在明显的重复研究，科研经费使用效率低。尤其是全国开展柿研究的团队集中在国家级、省级层面，主产县基本没有设立科研机构，而地方农技推广人员对最新研发成果不了解，难以及时推广应用，新成果转化率低。随着柿树生产的发展和市场变化以及国内、国际市场不同消费层次对柿果产品多样化的需求，影响我国柿树生产的一些问题也逐渐暴露出来，主要表现为以下方面。

**1. 栽培技术落后，生产管理粗放**

在我国陕西、河南等一些柿树生产老产区，主要栽培在山地、丘陵地带，大都零星散落在地边、沟旁、房前屋后，呈零星分布。且每户种植的数量不多，规模小，经济收入少，人们对柿树的生产观念陈旧，商品意识差，认为柿树效益差，积极性不高，导致不愿管理，掠夺式采收，只收益不投入，发展受到严重制约。多数树处于自生自灭的状态，管理粗放，放任生长，树形紊乱，导致树体衰弱，病虫害严重，且树体老龄化比较严重，目前推广的砧木绝大多数仍是君迁子（软枣、黑枣），嫁接良种树形高大、结果晚、管理不便。

中国虽是柿产量最高的国家，但与柿产业化水平高的国家相比，单产水平仍偏低。如 2016 年西班牙柿单产高达 21.81 吨 / 公顷，日本柿单产 11.38 吨 / 公顷，中国仅 4.18 吨 / 公顷，不足日本的一半，更是远低于西班牙，位居全球柿主产区单产水平的第六位。这说明，中国柿产业仍处在粗放式生产经营阶段，以面积换总产量易造成生态资源的大量耗费和恶化，难以实现可持续发展。但同时也说明中国柿产业发展的空间巨大，一旦单产水平得到提升，中国柿产量将遥遥领先世界各国。

**2. 品种分化、退化严重**

柿树主产区的大多数品种为老品种，果农有沿袭传统的栽培习惯，往往缺乏质量意识，舍不得用优质、丰产和生长良好的健壮枝条来取接穗，致使树体衰弱、产量下降和品种分化、退化严重，如磨盘柿品种，有的果个明显变小、果形变扁，有的果实可溶性固形物含量降低，有的抗逆性降低等。

**3. 品种结构不合理，良种化程度较低**

由于受自然生态和传统栽培习惯的影响，片面追求发展规模和产量，果农选择品种盲目性、趋同性大，忽视了科学规划和早、中、晚熟品种的搭配，形成了品种结构比较单一、晚熟品种比较集中的现状和“有果无市、有市无果”的局面。从柿树各主产区的生产现状就可以看出，栽培品种主要是涩柿，甜柿虽有引进，但量很小，目前还没形成大的规模和产量。从涩柿来看，以晚熟品种占大多数，缺乏早、中熟品种。此外，目前各地的主栽品种基本上还都是传统地方品种，良莠不齐和品种退化现象严重，而在新发展幼树时仍然是很少考虑引进优良品种或对当地品种进行选优更新，结果导致一般品种比较差的品种在生产上占有相当的比例，而许多优良的柿树品种和类型则规模很小。另外，一些既可鲜食，又适于加工的柿树品种发展也较少。

我国柿树资源虽然丰富，但当前广泛种植的多为涩柿品种，对国外优良的甜柿品种引进较少，产品的口感、商品性和耐贮性差，作为鲜水果进入市场难度较大。现行的脱涩技术较落后，果品经脱涩后存在产品变软、变黑，贮运极其不便又影响美观，摆不上货架，即使进入市场后，销售期很短。同时，与南方人和外国人喜欢吃硬脆柿子的习惯不符，市场前景不太理想。

**4. 种植分散，未形成特色产业**

我国柿树多分布在远离工业区的乡镇，以部分农户为中心，分散栽植，缺乏统一的科学指导，没有形成集约化种植，规模化经营，企业化运作，无法形成当地的特色产业。新近形成的柿树规模化种植经济林或生产基地，由于受近年柿产品价格攀升的影响，在市场利益的驱动下，存在许多弊端：品种栽培不合理，良种资源保护和引进力度不够，栽培技术落后，品种混杂，建园结构不合理，质量不高，产量低、品质差，缺乏专门的栽培管理实用人才；在柿品加工方面的科研人员与相关技术薄弱，支持力度小，缺乏相应的技术推广人员，先进实用技术成果的转化和应用率较低，这些往往使柿产业经受不住市场的冲击和考验。

**5. 加工产品科技含量、附加值低**

中国柿加工企业多以加工柿饼为主，少部分也生产柿醋，开展果汁、果酱、果酒及提取物加工的企业少之又少，加工品较单一。相比日本，其柿加工品不仅表现在食用领域，如柿饼、柿叶寿司、柿叶茶，还利用柿提取物，广泛应用在医药和日用化工领域，如化妆品、洗涤品、吸附剂、消臭剂、抑制血糖升高的保健品等，产业化程度高。加之，多数加工用柿主要为涩柿，必须经由标准化柿加工生产线和精密生产设备才能确保品质。而国内柿主产区缺乏精深加工龙头企业，柿果加工生产标准化程度低，加工转化能力弱，多数内销柿加工品来自小微型加工作坊，多采用自然风干的传统手工工艺，先进设备严重不足，产品质量堪忧。市场上经常出现商贩在柿饼过期或霉变时，非法进行上粉、染色等行为，严重影响了柿加工品品牌创建。

目前，我国涩柿的果实大都以鲜销或粗加工为主。随着市场的变化，水果已由卖方市场转为买方市场，一些生产者的思想意识仍停滞不前，不能随市场做出相应的变化，加工严重滞后，由于科技、资金投入严重不足，导致后备技术、先进设备及工艺、储备产品严重缺乏，柿果的加工产品仍停留在柿饼、柿、桃等传统的科技含量较低的初级产品生产上。大多数加工经营者由于加工设备陈旧，技术、工艺落后，只能是家庭式作坊生产，加工的产品在质量和花色上与国内、国际标准相差甚远，致使国内、国际市场萎缩，产品的附加值进一步下降。

**6. 贮藏保鲜脱涩保脆技术严重滞后**

适宜鲜食的柿果以其味甜多汁、脆甜可口、风味独特而深受广大消费者的欢迎，市场前景广阔，经济效益好。但柿果的贮藏保鲜脱涩保脆技术比较落后，在这一环节上严重制约着柿果的市场销售，很难形成成规模的市场经济效益。由于缺乏先进的贮藏设备和技术，目前小批量柿果的贮藏保鲜是采用气调库、低温冷库保鲜等方法，大批量柿果的贮藏保鲜也只是停留在自然低温冻藏低水平的方法上，由于受自然条件变化的影响较大，贮藏效果不太稳定。

**7. 一些关键技术尚待攻克**

目前，在柿树产业化开发的关键环节上还存在一些重大技术难题没有解决，如专用品种的选育，优良品种的区域化及推广，重大病虫害如柿疯病等的防治，柿果脱涩保脆及冷链供应技术有待加强，柿果加工的综合利用等。这些技术涉及面广，带动性强，需跨地区、跨行业联合攻关才能解决。然而，近年来全国范围有组织的柿树科技攻关很少开展，致使科研落后于生产的矛盾变得越来越突出。

**8. 营销网络不健全，销售滞后**

据 FAO 统计数据，结合中国柿产业发展情况来看，中国虽然是柿种植面积和产量第一的大国，但出口的比重偏低，出口效益不高，落后于其他主产区。2016 年中国柿出口量 5.56 万吨，出口额 8 798.4 万美元，出口单价 0.158 万美元 / 吨，与全球柿总产排名前 10 的国家相比，远低于日本（0.358 万美元 / 吨），仅为日本的 44%。这说明，中国柿产业整体处于低附加值、低效益状态，在当前国际竞争日益严峻的形势下，粗放型营销模式难以为继，唯有提升质量、创建品牌才能赢得市场。

中国六大名柿作为当地特色农产品，具有特有的品牌创建优势，但多数地方政府和企业未能充分发挥其地理标志农产品优势，对产品多功能价值宣传不到位，没有形成很好的品牌效应，市场占有率偏低，行业经营效益不高。当前，中国柿品牌创建较好的有陕西“富平柿子”、浙江“方山柿子”，均以“龙头企业+合作社”模式，推动产品多样化开发，形成季节性鲜食柿和全年可食产品，有效地将资源优势转化为品牌优势。

反观新西兰，生产观念和营销理念先进，充分了解国际国内消费者需求，精心引进种植品种，严格柿生产、包装、贮运标准，果农和公司签订供销合作合同，权责明晰，拥有一套完善的柿产业运作机制，并推出了产自新西兰东海岸（吉斯本）脆甜柿品牌“First”，意寓世界上见到第一缕阳光的地方，向消费者传递阳光、自然的信息。其柿营销理念和当前全球最大和最成功的猕猴桃品牌运作案类似。即使新西兰引种、种植柿树时间才短短二十多年，但发展迅速，柿已成为猕猴桃的互补水果，且大量出口至日本，有效避开了日本本地柿成熟期，赢得了日本市场。

此外，柿果属易腐食品，保鲜期很短，不耐压，对贮藏和物流基础设施要求高。而柿加工品，如柿饼，同样对包装、运输有所要求。而目前，中国柿产品和其他农产品物流模式一样，运输方式单一，未在柿主产区针对柿产品构建大中型物流仓储基地，易造成大量柿果变质浪费。

从国际视角看，全球柿的种植区域不断扩展，由传统种植的亚洲区域向欧洲区域推进，柿种植面积稳步增加。尤其是同为传统种植区域的日本柿品质较好、甜柿研发品多，对中国柿产业形成了较大冲击。从国内看，中国各柿主产区加大了结构调整优化，扩大了完全甜柿种植面积，呈现优质优果趋势。以河南省 2011 年专项调查数据来看，种植普通柿树，平均亩产量 2 500 千克，按照批发价约为 1.4 元 / 千克，平均亩产值 3 500 元，剔除亩总成本 1 800 元，平均亩收益仅 1 700 元。如果种植甜柿，批发价为 4 元 / 千克，平均亩收益为 8 000 元，收益远高于种植普通柿树。目前，国内普通柿产区间竞争加剧，加之生产成本不断上涨，挤压利润空间，影响了果农的种植积极性。

国际市场上柿果销售以鲜果为主，但由于国内脱涩技术落后，保鲜技术水平不高，鲜果在长途运输过程中，易发生腐烂、霉变，导致鲜果品质差，影响销售。同时，我国柿树种植户较为分散，品种结构不合理，产品上市时间不统一，销售渠道不完善，市场混乱，运输过程长，产供销脱节，从而导致柿果、柿饼的销售期缩短，产品滞销。

### （三）解决问题的途径

为了更好地发展我国的柿树生产，适应新的形势，提高其国际市场竞争力，针对生产中存在的问题，应从以下几个方面进行开发研究。

**1. 合理布局，优化品种结构，规模生产**

为了适应市场的变化和满足消费者的需求，柿树生产应以消费市场为导向，优化品种结构，做到合理布局，实现规模化生产。根据我国各主产区的气候条件及历史栽培习惯等，突出地方特色，分别选用适于鲜食或加工的优良品种。鲜食用的柿子应注意早、中、晚熟品种的比例；加工食用的应注意品种的成熟期与当地的气候特点。条件适宜地区可适当引种发展甜柿优良品种。在此基础上，开展规模经营，形成满足不同市场和消费群体需求的柿果商品化生产基地。

**2. 加大科技投入，提高单产和品质**

我国柿树单产较低，原因是一些投产果园基础设施差，管理粗放。针对上述情况，一要增加资金投入，加强果园基础设施建设，增强供水、供肥和病虫害防治能力；二要加大科技投入，提高果品的科技含量。对果农进行技术培训，提高果农的文化科技素质；加大新技术的推广力度，在生产中推广高接换种、合理灌溉、配方施肥、疏花疏果、果园覆盖、病虫害综合防治、适期采收等先进技术；三要加强土壤改良工作，对于投产果园，能够种植绿肥的尽量种植绿肥；对于幼年果园和低产园，有计划地进行土壤深翻并结合埋压绿肥。除此之外，提高品质还应结合选育或引入优良品种。

**3. 加强采后商品化处理**

随着社会主义市场经济的不断发展和完善以及人们生活水平的不断提高，人们的消费也随之发生了根本性的变化，消费者对果品需求的标准也越来越高，不仅要求口感好，还要求包装精致美观，包装材料无毒环保，易保存搬运等。因此，应根据市场和消费者的需求情况，适期采收，进行柿果的分级和商品化处理，向无公害化、标准化方向发展，及时与国际接轨，以增强我国柿果在市场上，尤其是国际市场上的竞争力，提高其附加值。

**4. 优先开发贮藏保鲜保脆技术**

在我国柿树栽培品种中，鲜食涩柿品种的面积和产量均占绝对主导地位，柿果的贮藏保鲜保脆，是影响柿树产业能否健康发展的关键。因此，应在总结经验的基础上，进行柿果脱涩保鲜保脆技术研究，并尽快应用到生产中，以延长柿果保鲜保脆时间，满足人们对脆食的需求，开发新的市场。

### 5. 加大加工、贮运等薄弱环节的投入，推动产业化经营进程

由于我国柿果加工业的落后，造成了柿果市场的狭小。因为随着鲜食品种栽培面积的不断扩大和幼树的不断投产、产量不断增加，导致存在着销售难的隐忧；而市场对柿果加工产品的需求量大，价格高。因此，必须通过加大科技、资金的投入，引进国内外先进的加工技术和设备，充分利用和扶持现有的加工企业，使之成为龙头企业，并且建立与之相适应的优质加工原料基地，及时掌握市场信息，进行产业化经营，培育利益均沾、风险共担的经济共同体。随着加工工业的发展，将会扩大柿果的国内与国际市场，经济效益也会大大提高。

### 6. 引种和选优相结合，建立良种繁育体系

针对柿树杂交困难、现有优良品种退化分化严重的问题，采取优良品种大规模的内部选优等育种方法，尽快培育新的优良品种。同时，可根据需要，从国内外有目的选择引进优良品种，以丰富品种资源，调整品种结构。新选育或引进的优良品种应通过区试后再大面积推广，同时应配套建立优质良种苗木繁育基地，强化质量监测和病虫检疫，实现苗木管理规范化、法治化，不断向生产者提供品种纯正、质量高的接穗和优良苗木，保证我国柿树的持续健康发展。

## 三、产业发展趋势

对于老百姓而言，常规水果就是在瓜果市场和果农手中直接购买的水果。这些水果对于农药，化肥之类的使用没有

限制性，打破了正常食品生长的周期，催熟的现象很普遍，而这些水果对于人们健康的危害是显而易见的。食用安全无污染，高品质的食品已成为众多消费者的共识和追求，因此有机食品、绿色食品、无公害食品应运而生。与普通食品相比，有机食品、绿色食品，无公害食品都是安全食品，安全是这三类食品突出的共性，它们从种植，收获，加工生产，储藏及运输过程中都采用了无污染的工艺技术，实行了从土地到餐桌的全程质量控制，保证了食品的安全性。但是三种又有许多不同点。

### （一）无公害果品的概念

无公害农业是20世纪90年代在我国农业和农产品加工领域提出的一个全新概念。无公害农产品是指产地环境、生产过程和产品质量符合国家有关标准和规范的要求，经认证合格获得认证证书并允许使用无公害农产品标志的优质农产品及其加工制品。无公害农产品生产系采用无公害栽培（饲养）技术及其加工方法，按照无公害农产品生产技术规范，在清洁无污染的良好生态环境中生产、加工的，安全性符合国家无公害农产品标准的优质农产品及其加工制品。无公害农产品生产是保障大众食用农产品消费身体健康、提高农产品安全质量的生产。

无公害农产品生产的核心是把传统农业精华与现代农业科技相结合，建立农产品从农田到餐桌全过程的质量控制，改善农业生态环境，控制农业环境污染，提高农产品质量，增强农产品市场竞争力，提高农业效益，促进农业可持续发展。随着我国社会主义市场经济体制的逐步建立和完善，对我国农产品生产提出了更高要求，不仅要满足本国的消费需求，而且要面对国内外市场，参与国际竞争，寻求农业的健康持续发展。同时，随着我国经济的快速稳定增长，人民生活水平不断提高，对食物的要求也越来越高，特别是果品，回归自然，消费绿色、无公害果品，已成为新的消费潮流和市场走向。

我国是世界第一果品生产大国，近年来果品产量和出口贸易持续增长。目前在国际贸易中，环境管制措施越来越严，标准越来越高，以环境标志为代表的无公害贸易这一非关税壁垒正在构筑，并且已经对我国的果品出口带来重大影响。据商务部有关方面的信息，我国出口农产品品种档次低、质量差，安全优质性能较为缺乏，常常因为有害物质残留超标而出现贸易纠纷、索赔等问题。因此，发展无公害果品生产，有利于提高我国果品质量档次，有利于冲破国际市场中正在构筑的非关税贸易壁垒，有利于增加我国果品在国际市场中的竞争能力，促进出口创汇。

### （二）绿色食品的概念

绿色食品是我国对无污染、安全、优质食品的总称，是指产自优良生态环境、按照绿色食品标准生产、实行土地到餐桌全程质量控制，按照《绿色食品标志管理办法》规定的程序获得绿色食品标志使用权的安全、优质食用农产品及相关产品。在许多国家，绿色食品又有着许多相似的名称和叫法，诸如“生态食品”“自然食品”“蓝色天使食品”“健康食品”“有机农业食品”等。由于在国际上，对于保护环境和与之相关的事业已经习惯冠以“绿色”的字样，所以，为了突出这类食品产自良好的生态环境和严格的加工程序，在中国，统一被称作“绿色食品”。

中国的绿色食品标准是由中国绿色食品发展中心组织制定的统一标准，根据标准不同将其分为A和AA级两个级别。绿色食品标准以“从农田到餐桌”全程质量控制理念为核心，由以下四个部分构成，并且分为A级和AA级两个技术等级。

### （三）有机食品的概念

有机食品（Organic Food）是国际通称，这里所说的“有机”并不是化学上的概念，而是指采取一种有机的耕作和加工方式，按照这种方式生产和加工、产品符合国际或国家有机食品要求和标准，并通过了国家认可的认证机构认证的农副产品及其加工品，称为有机食品，其包括粮食、蔬菜、水果、奶制品、禽畜产品、蜂蜜、水产品、调料等。

# 第二章

# 主要种类和品种

## 一、主要种类

柿属柿树科（Ebenaceae）柿属（*Diospyros*）植物，全世界约有 200 种，多分布在热带和亚热带，在温带分布很少。我国柿属植物据《中国植物志》记载有 64 种，主要分布在西南和华南地区。作为果树利用的主要有柿、君迁子、油柿、罗浮柿、毛柿、老鸦柿、浙江柿、乌柿 8 种，以前 3 种栽培利用较多。

### （一）柿（*Diospyros kaki* Thunb.）

柿是柿科、柿属落叶大乔木。通常高达 10 ～ 14 m 以上，胸高直径达 65 cm；树皮深灰色至灰黑色，或者黄灰褐色至褐色；树冠球形或长圆球形。枝开展，带绿色至褐色，无毛，散生纵裂的长圆形或狭长圆形皮孔；嫩枝初时有棱，有棕色柔毛或绒毛或无毛。叶纸质，卵状椭圆形至倒卵形或近圆形；叶柄长 8 ～ 20 mm。花雌雄异株，花序腋生，为聚伞花序；花梗长约 3 mm。果形有球形、扁球形等；种子褐色，椭圆状，侧扁；果柄粗壮，长 6 ～ 12 mm。花期 5 ～ 6 月，果期 9 ～ 10 月。原产中国长江流域，在辽宁西部、长城一线经甘肃南部，折入四川、云南，在此线以南，东至台湾地区，各省、区多有栽培。朝鲜、日本、东南亚、大洋洲、北非的阿尔及利亚、法国、苏联、美国等国家和地区有栽培。柿树是深根性树种，又是喜光树种，喜温暖气候，充足阳光和深厚、肥沃、湿润、排水良好的土壤。

柿树是中国栽培悠久的果树。果实常经脱涩后作水果，一年中都可随时取食。柿子亦可加工制成柿饼。柿子可提取柿漆（又名柿油或柿涩），用于涂渔网、雨具，填补船缝和作建筑材料的防腐剂等。在医药上，柿子能止血润便，缓和痔疾肿痛，降血压。柿饼可以润脾补胃，润肺止血。柿树木材的边材含量大，可作纺织木梭、芋子、线轴，又可作家具、箱盒、装饰用材和小用具、提琴的指板和弦轴等。又是优良的风景树。

### （二）君迁子（*Diospyros lotus* Linn.）

君迁子又称黑枣、软枣等，原产我国黄河流域、土耳其及阿富汗。多野生，实生繁殖，耐寒力强，为我国北方柿的优良砧木。柿科柿属。产于山东、辽宁、河南、河北、山西、陕西、甘肃、江苏、浙江、安徽、江西、湖南、湖北、贵州、四川、云南、西藏等省（自治区）；生长于海拔 500 ～ 2 300 m 左右的山地、山坡、山谷的灌丛中，或在林缘。落叶乔木，高可达 30m；树冠近球形或扁球形；树皮灰黑色或灰褐色，深裂或不规则的厚块状剥落。叶近膜质，椭圆形至长椭圆形，先端尖，基部宽楔形或近圆形，上面深绿色，有光泽，下面绿色或粉绿色，有柔毛。雄花 1 ～ 3 朵腋生，簇生；花冠壶形，带红色或淡黄色；雄蕊 16 枚，每 2 枚连生成对；子房退化；

雌花单生，淡绿色或带红色；花萼4裂；花冠壶形；退化雄蕊8枚，着生花冠基部；子房8室。果实近球形或椭圆形，直径1～2 cm，初熟时为淡黄色，后变为蓝黑色，常被白色薄蜡层，8室；种子长圆形，褐色，侧扁；宿存萼4裂。君迁子雌株开花结果。依果实内种子多少分为多核、少核和无核三种类型。少核或无核类型有栽培者。雄株只开雄花而不结果，可作授粉树或作砧木用。10～11月成熟。成熟果实可供食用，亦可制成柿饼，又可供制糖、酿酒、制醋；未熟果实可提取柿漆。君迁子的实生苗常用作柿树的砧木，但有角斑病为害，受病果蒂很多，须注意防治。

### （三）油柿（*Diospyros oleifera* Cheng.）

又称漆柿、稗柿、方柿等，原产我国中部和西南部，在江苏、浙江一些地区栽培较多。柿科柿属。产于浙江中南部、安徽南部、江西、福建、湖南、广东和广西等地。落叶乔木，高可达14 m；树冠阔卵形或半球形；树皮深灰色或灰褐色，呈薄片状剥落。叶纸质，长圆形或倒卵形，先端短渐尖，基部圆形或近圆形，上面深绿色，老叶的上面无毛，下面绿色，有柔毛。雄花的聚伞花序着生在当年生枝下部，腋生，单生，每花序有花3～5朵；花冠壶形；雄蕊16～20枚，每2枚合生成对；退化子房微小；雌花单生叶腋，较雄花大；花萼4裂，钟形；花冠壶形或近钟形；退化雄蕊12～14枚，着生花冠基部；子房8～10室。果实卵形、长圆形、球形或扁球形，大小不等，嫩时绿色，成熟时暗黄色，有易脱落的软毛，有种子3～8颗；种子近长圆形，棕色，侧扁；宿存萼4深裂。8～10月成熟。果实可供食用，果蒂（宿存花萼）入药。广西桂林一带，常用本种作为柿树的砧木，江苏、浙江等地多有栽培，供取柿漆用。

### （四）罗浮柿（*Diospyros morrisiana* Hance.）

罗浮柿又称山柿，产中国多省地；生于山坡、山谷疏林或密林中，或灌丛中，或近溪畔、水边。越南北部也有分布。未成熟果实可提取柿漆，木材可制家具。茎皮、叶、果入药，有解毒消炎之效；鲜叶 1 ～ 2 两，水煎服，治食物中毒；绿果熬成膏，晒干，研粉，敷治水火烫伤；树皮 3 ～ 5 钱，水煎服，治腹泻、赤白痢。乔木或小乔木，高可达 20 m，胸径可达 30 cm；除芽、花序和嫩梢外，各部分无毛。枝灰褐色。冬芽圆锥状。叶薄革质，长椭圆形或下部为卵形；叶柄长约 1 cm。雄花序短小；雄花带白色，花萼钟状，有绒毛，花冠在芽时为卵状圆锥形，开放时近壶形；花梗短；雌花：腋生，单生；花萼浅杯状；花冠近壶形；子房球形；花柱 4，通常合生至中部，有白毛；花梗长约 2 mm。果球形；种子近长圆形，栗色，侧扁；宿存萼近平展，近方形；果柄长约 2 mm。花期 5 ～ 6 月，果期 11 月。

### （五）毛柿（*Diospyros strigosa* Hemsl.）

毛柿原产中国广东雷州半岛和海南；生于疏林或密林或灌丛中。毛柿营养价值高，含有多种营养成分；且具有清热润肺，生津止渴，健脾化痰等功效。毛柿为柿属灌木或小乔木，高达 8 m；树皮黑褐色。幼枝、嫩叶、成长叶的下面和叶柄、花、果等都被有明显的锈色粗伏毛。枝黑灰褐色或深褐色，有不规则的浅缝裂。叶革质或厚革质，长圆形、长椭圆形、长圆状披针形。花腋生，单生，有很短花梗；苞片覆瓦状排列，上端的较大；萼4深裂至基部，裂片披针形；花冠高脚碟状；雄花有雄蕊12枚；雌花子房有粗伏毛；花柱短，无退化雄蕊。果卵形，有种子1～4颗；种子卵形或近三棱形，干时黑色或黑褐色；宿存萼4深裂；果几无柄。花期6～8月，果期冬季。

### （六）老鸦柿（*Diospyros rhombifolia* Hemsl.）

老鸦柿分布于中国浙江、江苏、安徽、江西、福建等地，生于山坡灌丛或山谷沟畔林中。老鸦柿的果可提取柿漆，供涂漆渔网、雨具等用。实生苗可作柿树的砧木。老鸦柿是柿科、柿属落叶小乔木，高可达8 m；树皮灰色，平滑；多枝，无毛，小枝略曲折，褐色至黑褐色，有柔毛。冬芽小，叶纸质，叶片菱状倒卵形，先端钝，基部楔形，叶柄很短，纤细，有微柔毛。雄花生当年生枝下部；裂片三角形，先端急尖，有髯毛，边缘密生柔毛，花冠壶形，两面疏生短柔毛，裂片覆瓦状排列，先端有髯毛，边缘有短柔毛，外面疏生柔毛，内面有微柔毛；花丝有柔毛；花药线形，退化子房小，球形，顶端有柔毛；雌花：散生当年生枝下部；子房卵形，密生长柔毛，花柱下部有长柔毛；柱头浅裂；花梗纤细，有柔毛。果单生，球形，种子褐色，半球形或近三棱形，果柄纤细，4～5月开花，9～10月结果。

### （七）浙江柿（*Diospyros glaucifolia* Metc.）

浙江柿又称粉叶柿，分布于中国浙江、江苏、安徽、福建、江西等地。生长于山坡、山谷混交疏林中或密林中，或在山谷涧畔。浙江柿是柿科柿属植物，落叶乔木，高达 17 m，胸高直径达 50 cm；树皮灰黑色或灰褐色；枝深褐色或黑褐色，散生纵裂的唇形小皮孔。叶革质，宽椭圆形、卵形或卵状披针形，长 7.5 ～ 17.5 cm，宽 3.5 ～ 7.5 cm，先端急尖，基部圆形、截形、浅心形或钝形，上面深绿色，无毛，下面粉绿色。花雌雄异株；雄花集成聚伞花序，通常有 3 朵，有短硬毛。先端急尖，花冠壶形，4 浅裂，裂片近圆形，长约 2 mm，先端圆，有短硬毛。种子近长圆形，侧扁，淡褐色，略有光泽；宿存萼花后增大，两侧略背卷；果柄极短，长 2 ～ 3 mm，有短硬毛。花期 4 ～ 5（7）月，果期 9 ～ 10 月。该种可用作栽培柿树的砧木。未熟果可提取柿漆，用途和柿树相同。果蒂亦入药。木材可作家具等用材。树形端正，冠幅大，荫质浓，适宜作庭荫树，行道树及园景树。

### （八）乌柿（*Diospyros cathayensis* Steward.）

乌柿产中国多省地，生于河谷、山地或山谷林中。根和果可入药，治心气痛常绿或半常绿小乔木，高 10 m 左右，树冠开展；枝圆筒形，深褐色至黑褐色；小枝纤细，褐色至带黑色。叶薄革质，长圆状披针形；叶柄短，有微柔毛。雄花生聚伞花序上，极少单生，花药线形，短渐尖；花梗长 3 ～ 6 mm，总梗长 7 ～ 12 mm，均密生短粗毛；雌花单生；花萼 4 深裂，裂片卵形；花冠较花萼短，花丝有短柔毛；子房球形；花柱无毛；花梗纤细。果球形；种子褐色，长椭圆形；宿存萼 4 深裂，裂片革质，卵形，先端急尖，有纵脉 9 条；果柄纤细。花期 4 ～ 5 月，果期 8 ～ 10 月。

# 二、主要优良品种

## （一）柿品种分类和命名的方法

### 1. 分类

（1）柿树在生产上按照能否在树上自然脱涩分为甜柿和涩柿两大类。一是涩柿：果实正常采收时仍有涩味，需人工脱涩后方可食用，目前生产多数品种属此类；二是甜柿：果实在树上自然脱涩，采后即可食用，如罗田甜柿“富有”“次郎”。

（2）依果实形状可分成扁、圆、方、长及其他五类。

（3）依成熟期分为早、中、晚熟三类：自 8 月下旬至 9 月中旬成熟的为早熟品种；9 月下旬至 10 月中旬成熟的为中熟品种；10 月下旬至 11 月中旬成熟的为晚熟品种。

（4）依果实重量分为大、中、小三类：大果，果实均重在 250 g 以上；中果，果实均重在 125 ～ 250 g；小果，果实均重在 125 g 以下。

### 2. 命名

我国柿树品种资源极为丰富，据各地统计有 800 多个品种，主栽品种数十个。其中品种分布较多的是陕西、浙江、河南、福建、山西、山东、湖北等省。由于柿子品种命名没有统一标准，各地习惯不一，品种名称也不相同，如山西、陕西、河南、山东、广东、广西、浙江、都有牛心柿，但不是一个品种。因而有“同名异物”和同物异名的现象。如牛心柿，许多品种都叫牛心柿、磨盘柿，同一物有很多名，则有“盖柿”，河南、山西、北京、河北、山东称合柿（历成县）“帽凡柿”，陕西长安，湖南有些地方，称“重台柿”等多种名称。果树分类工作者为区别品种混浊现象，往往在名称前冠以地区名，如眉县牛心柿，河南“博爱八月黄”。各地的命名大体有以下规律可循。

（1）依果实命名。即根据果实形状联系自然界常见的类似物体定名。如磨盘柿因形似磨盘而得名，亦像圆盒（称为盒柿）缢痕将果分为上下两部分。鸡心柿因似鸡心而得名，圆柿类似球形而得名。

（2）依果色定名。即根据果实色泽命名，如墨柿（果皮黑色）、“大红袍”朱柿、“满天红”（成熟后果皮红色，鹅黄柿（黄色）。

（3）依果实风味和肉质定名。如甜心柿（味较浓且甜），水柿（含汁多）绵瓢柿（果肉发绵）。

（4）依成熟期命名。如“七月早”“八月黄”“八月红”“雁过红”（大雁南下时成熟）、“九月青”等。此外还有依靠耐贮性，脱涩难易，种子数等命名的，如元宵柿（耐贮）、“暖米夜”（易脱涩）、“八仙过海”（有8粒种子）。

## （二）甜柿品种

世界上甜柿品种很多，已知品种有200多个。甜柿栽培品种大多原产日本，中国国家种质资源柿圃、中国林业科学院亚热带林业研究所、华中农业大学等单位已先后从日本、美国等地引入了30多个甜柿品种，已在全国18个省市栽培示范和推广。罗田县先后从陕西果树研究所和华中农业大学引进日本甜柿“富有”“禅寺丸”“次郎”“前川次郎”“西村早生”“伊萨哈雅”等品种，在大崎乡和三里畈镇等地栽培。

**1. 早熟品种**

（1）西村早生　原产日本滋贺，1998年引入我国，在陕西、山东、安徽、浙江、湖南、江苏、湖北等地有少量栽培。属不完全甜柿。

果实扁圆形，果顶较尖，蒂部无皱纹和纵沟，果蒂整齐而美观。单果重 140 g，最大果重 190 g，果皮浅橙黄色，完熟后带橙红色，有光泽。无纵沟。肉质松软，汁液少，味甜，糖度 18%。品质优于“赤柿”。在早熟品种中属优质品种。在日本发展较快。无核或少核时，果实有涩味，但每果含 4 粒以上种子时，果肉内形成褐斑，可完全脱涩。果肉较粗，味稍淡。较耐贮运。在陕西眉县国家柿资源圃 9 月下旬至 10 月上旬成熟，由于可在双节时供应市场，经济效益较好。

与“君迁子”嫁接亲和力强，树势中庸，树姿半开张。休眠枝色偏黄，副芽发达，苗期易分枝，落叶后叶痕凹陷，易与其他品种区别。枝稀疏，粗壮。萌芽早。雌雄同株异花，花期较早，但雄花量较小，不能作授粉树。雌花单性结实能力较强。叶椭圆形，新叶期鲜绿色。不抗炭疽病。

通常以开花较早的“赤柿”作授粉树，必要时人工辅助授粉，使果实内的种子数达到 4 粒以上，从而保证其自然脱涩。树形以自然开心形为宜，修剪上注意留预备枝。多雨地方应注意防治炭疽病。对土壤的适应性较强。土壤湿度变化大或夏季干旱会增加涩味，生产上需注意灌水。

该品种果实易脱涩，种子少、成熟迟的需人工脱涩。

（2）上西早生　原产日本，是从“松本早生”中筛选出的变异单株。1989 年引入我国，浙江、陕西、湖北等地已有少量栽培。属完全甜柿的“富有”系品种。

果实扁圆形，单果平均重 200 g，最大果重 300 g。果皮朱红色，十分鲜艳。果粉多。果顶广圆，十字沟浅，无纵沟，无釜痕。果肉橙黄色，褐斑小而稀，种子少，肉质致密，汁少，味甜，糖度15%以上，品质极上。在国家资源圃内果实10月中、下旬成熟，从10月上旬至10月底均可采收。

与“君迁子”嫁接亲和力较强（在“富有”系品种中最强）。树势中庸，树姿稍直立，其形态酷似“松本早生”。枝条粗短，节间短。叶较小，嫩叶黄绿色，落叶褐色。花芽着生数量比松本早生多。全株仅有雌花。夏秋之间高温常导致果实着色延迟。

该品种生理落果少，丰产稳产，品质优。

（3）伊豆　原产日本，系杂交选育的品种，亲本为富有×A—4（晚御所×晚御所）。1982年引入我国，在陕西、浙江、山东、河北、湖南、湖北等地有零星栽培。属完全甜柿。

果实扁圆形，整齐。平均单果重180 g，最大果重250 g。果皮橙红色，表面光滑，有光泽。纵沟无，缴痕浅或无。果顶无裂果现象。果肉内几乎无褐斑，肉质细腻，质脆，致密，果汁较多，味浓甜，糖度21%，品质极上。种子少。耐贮性较差。在国家资源圃内9月下旬至10月上旬成熟。

与“君迁子”嫁接亲和力强，树势弱，树姿开张。枝条粗短，枝皮粗糙无光泽。花芽形成容易，无雄花，花量大，但受精能力较差，坐果率较低。适应性和丰产性均较差。忌重黏土或纯砂地，保水或排水不良时，产量低、品质较差。生产上应注意选择土壤通透性和保水性较好的园地。容易发生污染果，成熟果实容易在树上软化，应在完全成熟之前采收。

该品种由于其品质特别优良，而且在完全甜柿中成熟期最早，可选择适宜区域适量发展。

（4）赤柿　又名“藤八”，原产日本。1987年引入我国，在陕西、浙江、湖北等地有少量栽培。属不完全甜柿。

果实高扁圆形，单果重 140 g，最大果重 200 g，果面红色，外观美。纵沟有或无。肉质粗硬，汁少，味甜，糖度 15% ～ 16%，品质较差。种子多，周围褐斑也较多。在陕西眉县 9 月上旬成熟，是目前成熟期最早的甜柿品种。该品种在果实顶部的花柱遗迹周围具绒毛，果内常有肉球，可与其他品种区别。与君迁子嫁接亲和力强，树势中庸，树姿开张，雄花多。

该品种开始结果早。但对炭疽病的抗性较差。因其成熟最早，具有一定的商品价值。

（5）八月红　山东省枣庄市果树科学研究所 1999 年在果树资源调查中发现的特早熟甜柿新品种，是国内目前最早熟的甜柿品种之一。原产于山西省垣曲县，树势中等，结果早，丰产性强，9 月上旬成熟，在树上能够自然脱涩，成熟期正值中秋节前后。果实中大，扁圆形，单果重 120 ～ 180 g，果皮橘红色，外观艳丽，含可溶性固形物 14%，肉质酥脆无渣，汁液丰富，品质上等。该品种自花授粉，早果丰产。树体中大，树姿较开张，树势较旺，树冠成形快。枝条灰褐色，皮孔灰白色，中等大小，分布较密集。花量大，坐果稳定，丰产稳产。

该品种对气候、土壤适应性强，较耐旱，果实生长期很少落果，丰产性较强。嫁接苗定植翌年即能结果。栽后第三年株产 5 kg 左右。

**2. 中熟品种**

（1）罗田甜柿　产于湖北罗田及麻城等地。果实扁圆形，平均重 100 g。果皮橙红色，着色后不需人工脱涩即可鲜食。肉质致密、味甜，核较多，品质中上，最宜生食。10 月上、中旬成熟。

该品种高产稳产，寿命长，耐湿热，抗旱。适宜我国湖北等地栽培。

（2）禅寺丸　原产日本。1920年前后引入我国，在北京、陕西、河南、河北、浙江、江苏、湖北、湖南、云南等地有栽培。因繁殖容易，目前已成为主栽品种之一。属不完全甜柿。果实短圆筒形或扁心形。平均单果重142 g，最大果重172 g，大小不整齐。果皮暗红色。无纵沟，部有线状棱纹，果柄长。果肉内有密集的黑斑，种子多，种子少于4粒的果实不能自然脱涩。肉质松脆细嫩，汁液多，味甜，糖度14%～18%，品质中上。在国家资源圃10月上旬成熟。耐贮性较强。该品种有雄花，且花粉量大，宜作授粉树。实生苗可作富有系品种的砧木。与君迁子嫁接亲和力强。树势中庸，树姿开张。休眠枝节间短，皮孔稍明显，叶长卵形，新叶黄绿色微褐。

该品种开始结果早，采前落果少，丰产，但大小年较明显。因雄花通常在弱枝上着生，作授粉树时可在树形形成之后，不再修剪。耐寒性较强。

（3）新秋　原产日本。1991年引入我国，在陕西、河南、湖北等地有栽培。属完全甜柿。果实扁圆形。平均单果重240 g。果皮橙色，无纵沟。在原产地10月中、下旬成熟。肉质致密，汁中多，味甜，糖度17%～18%，品质上。褐斑少，种子2～4粒。在国家资源圃10月上旬成熟。树姿稍开张，树势中庸。叶小，长椭圆形。全株仅有雌花。花量大，单性结实力较强，生理落果少，丰产性和抗病性均较强。近果顶处易污染，且污染处易软化，特别在干旱有风的地区较严重，但大棚栽培时污染果明显减少。发芽比伊豆早3～4天。

该品种风味品质佳，可选择适宜区域少量栽培。

（4）松本早生 原产日本，是富有的早熟性变异。1980年引入我国，在陕西、浙江、江苏、湖北等地有少量栽培。属完全甜柿的“富有”系品种。果实呈较高的扁圆形。平均单果重193 g，最大果重202 g。果皮橙红至朱红色。无纵沟或不明显，通常无釜痕。果实横断面呈圆形或椭圆形。果肉褐斑无或极少，种子少。肉质松脆，软化后黏质，汁液少，味甜，糖度16%，品质上。在国家资源圃10月上旬成熟。耐贮性较强。与“君迁子”嫁接亲和力较弱。树势弱，树姿开张。休眠枝上皮孔明显，全株仅有雌花。

该品种开始结果较早。但不抗炭疽病，不耐盐碱。可适量发展。

（5）阳丰 原产日本，系杂交培育品种，亲本为“富有”×“次郎”。1991年引入我国，在陕西、湖北、河南等地有栽培。属完全甜柿。果实大，呈较高的扁圆形。平均单果重178 g，最大果重240 g，大小较整齐。果皮浓橙红色，软化后红色，果粉较多，无网状纹，无裂纹，无蒂隙。纵沟无，果肩圆，无棱状突起，偶有条状锈斑，无釜痕。十字沟浅，果顶广平微凹，脐凹，花柱遗迹断针状。果柄粗、长。柿蒂大，圆形，微红色，具有断续环纹，果梗附近斗状突起。萼片4枚，心脏形，平展。相邻萼片的基部分离，边缘互相不重叠。果实横断面圆形。果肉橙红色，黑斑小而少，肉质松脆，软化后黏质，纤维少而细，汁液少，味甜，糖度17%，品质中上。髓大，正形，成熟时实心。心室8个，线形。心皮在果内合缝呈三角形，果内无肉球，种子2～4粒。室内存放20～40天后变软，宜鲜食。在国家资源圃10月上、中旬成熟。易脱涩，耐贮性强。与“君迁子”嫁接亲和力较强。树势中庸，树姿半开张。休眠枝上皮孔较明显。无雄花，雌花量大。

该品种开始结果早，极丰产。抗病，较不抗旱。可大量发展。

（6）前川次郎　原产日本三重，系“次郎”的早熟性变异。1988年引入我国，在陕西、湖北、云南、浙江等地已有零星栽培。属完全甜柿的次郎系品种。果实大，扁方形。平均单果重165 g，最大果重188 g，大小整齐。橙红色，软化后橙红色。果皮细腻，果粉多，无网状纹，无裂纹，无蒂隙。纵沟不显，无锈斑，无�痕。十字沟深，果顶广平微凹，脐凹，花柱遗迹粒状。蒂洼浅、广，果肩凹，棱状突起不显，皱纹少。果柄粗，较长。柿蒂较大，方圆形，褐绿色，略具方形纹，果梗附近环状突起。萼片4枚，小，扁心脏形，斜伸。相邻萼片的基部分离，边缘互相不重叠。果实横断面方圆形。果肉橙色，黑斑小而少，肉质脆而致密，软化后黏质略带粉质，纤维较少。汁液少，味甜。糖度16%～18%，品质上。髓大，形正，成熟时实心。心室8个，线形。心皮在果内合缝呈三角形，果内无肉球，种子0～1粒。在国家资源圃10月中旬成熟，室内存放20天左右变软，耐贮性较强。宜鲜食。与“君迁子”嫁接亲和力强。树势较次郎略强，树姿较次郎开张。果形较次郎略高，纵沟宽而浅。果顶裂果较次郎少，蒂部皱纹也少。果皮较次郎光滑、着色好。休眠枝上皮孔不明显，无雄花。

该品种结果早，丰产，品质优，较次郎提早7～10天成熟，是有发展前途的“次郎”系品种。

（7）次郎　原产日本静冈。1920年前后引入我国，以后又多次引种。现在浙江、湖北、陕西、山东、河南、河北、湖南、江苏、云南等省有栽培，是我国目前甜柿的主栽品种。

属完全甜柿。果实大，扁方形，横断面方形。平均单果重 200 g，最大果重 300 g，大小整齐。果皮光滑，有光泽，晚熟后橙红色，软化后朱红色或大红色。果皮细腻，果粉较多，无网状纹，无裂纹，无益痕，纵沟 4 条，宽而清晰，果顶微凹，易开裂，十字沟明显。花柱遗迹呈粒状或鸟嘴状。蒂洼浅广，果肩平，无棱状突起，蒂下有皱纹。果柄粗，中等长。柿蒂较大，方圆形，微红色，较平。具有方形纹和不明显的十字纹，果梗附近略呈斗状微突起。萼片 4 枚，扁心脏形，向上斜伸，中部呈捏合状。相邻萼片的基部分离，边缘互相稍有重叠。果肉橙红色，黑斑小而少。肉质脆而稍密，软化后黏质略带粉质，纤维多、细短，汁液多，味甜，糖度 16% ～ 17%。髓较大，成熟时实心。心室 8 个，竹叶形。心皮在果内合缝呈烧瓶形，果内无肉球，种子小，1 ～ 5 粒，短方形。室内存放 20 ～ 30 天后变软，软后果皮不皱缩、不裂。在国家资源圃 10 月中、下旬成熟。耐贮性强。品质中上。宜硬食。与“君迁子”嫁接亲和力强。树势较强，树姿较开张，树冠较“富有”小、下垂枝亦少，树皮较富有粗糙。休眠枝上皮孔小而平，明显。萌芽期较富有略早。枝条较粗壮，节间短，分枝多，易密集，结果过多时易折断。嫩叶呈特殊的淡黄绿色，且持续时间长，与其他品种明显有别。叶长纺锤形，两侧向内折合略呈沟状，叶缘略呈波状，叶脉深陷。叶片抗风和抗寒力强，落叶迟。无雄花，开始结果早。经济栽培区温度较“富有”略高，以长江流域较为集中，在多雨地区栽培较“富有”容易。但土壤肥力的要求较富有高，单性结实能力较“富有”强。隔年结果现象不明显，但产量较“富有”略低。果实耐贮运性不及“富有”。由于我国目前广泛采用“君迁子”作为甜柿砧木，与其他品种相比较，“次郎”与“君迁子”的嫁接亲和力较强。因此，在本砧或广亲和砧木普及之前，“次郎”仍然是我国甜柿生产的主栽品种。树形以自然开心形为宜。由于枝密、节间短，短果枝花芽分化容易，在修剪时注意疏剪，以利透光，使果实着色良好。结果母枝短截后仍能形成花芽，不必留预备枝；在庭园栽培的可不配授粉树。但为了保证着果稳定，商品生产柿园通常以“禅寺丸”作为授粉品种。

该品种在瘠薄地栽培或追肥不及时，往往加重后期落果。果实过大时，果顶容易开裂。在疏花疏果时，应疏去花柱联合不好的幼果。

（8）一木系次郎　原产日本。1988年引入我国，在陕西、浙江等地有零星栽培。属完全甜柿的“次郎”系品种。

果实扁方形。单果平均重214 g，最大果重243 g。果皮橙色，纵沟浅，花柱遗迹簇状，果顶易开裂。肉质致密，汁少，味甜，糖度15% ～ 17%，品质上。褐斑小而少，种子2 ～ 3粒。在国家资源圃10月中、下旬成熟。与“君迁子”嫁接亲和力强。树势较弱，树姿较开张。休眠枝上皮孔不明显，全株仅有雌花。

该品种开始结果早，较丰产。韩国专家认为作中间砧有矮化作用，可适当发展。

（9）兴津20　原产日本，但在日本未进行品种登记，仅作为育种中间材料利用。由国家资源圃引入我国，属完全甜柿。果实方心形，横断面方圆形，中等大。平均重140 g，最大果重170 g，纵径4.9 cm，横径6.0 cm，大小整齐。果皮橙黄色，软化后橙红色，细腻，果粉较多，无网状纹，有横向裂纹，无蒂隙，软后难剥皮。无纵沟，无锈斑，无�痕，无十字沟。果顶圆形，脐平，花柱遗迹簇状。蒂洼深、狭，果肩圆，无棱状突起。果柄粗，较长。柿蒂较大，方圆形，微红色，具略方形纹，果梗附近斗状凸起。萼片4枚，较大，心脏形，斜伸。相邻萼片的基部联合，边缘互相重叠。果肉橙红色，黑斑小而少，纤维少、细、短。肉质松软，软化后水质，汁液多，味浓甜，糖度22%，品质上等。髓较大，形正，成熟时空心。心室8个，果内无肉球，种子2粒。果实能完全软化，软化速度快，软后果皮不皱缩、不裂。耐贮性强。宜鲜食。在国家资源圃9月上旬果实开始着色，10月上旬果实成熟。

该品种与“君迁子”嫁接亲和力强。树势旺，进入结果年龄早，丰产，耐贮，品质优，有望成为“次郎”的替代品种。

（10）花御所　原产日本，1988年引入我国，属完全甜柿。果实扁心脏形，单果平均重161 g。果皮橙黄色，无纵沟，无釜痕。肉质致密，汁液多，味浓甜，糖度17%，品质极上。果肉几无褐斑，种子2～3粒。在国家资源圃10月中旬成熟。耐贮性较强。与“君迁子”嫁接亲和力较强。树势强，树姿稍直立。休眠枝上皮孔小，稍明显，有雄花，具单性结实和自花授粉能力。开始结果期较早，产量中等，稳产。抗炭疽病能力强，但易感黑星病。对土壤要求高，喜土层深厚、土质疏松、有机质含量丰富、水分变化少的土壤。瘠薄地栽培生理落果多，着色差，隔年结果严重。

但该品种品质极优，产量稳定，宜作庭园栽培。

（11）富有　原产日本岐阜，现仍为主栽品种。1920年引入我国，以后又多次重复引种，在陕西、河南、浙江、山东、河北、北京、福建、湖北、湖南、四川、云南等地有少量栽培。属完全甜柿。果实扁球形，横断面圆形或近椭圆形，果顶丰圆。平均单果重200 g。果皮橙红色。无纵沟，通常无缩痕，赘肉呈花瓣状。在国家资源圃10月下旬成熟。果梗短而粗，抗风力强。肉质松软，汁中等，味浓甜，糖度14%～16%，品质上。褐斑少，种子少，但大而厚，呈短三角形。果实自然脱湿早，鲜果耐贮运。适应性强，开始结果早，大小年现象不明显，是目前世界上栽培面积最大，产量最高的完全甜柿生产品种，与“君迁子”、油柿等砧木的嫁接不亲和，生产上采用木砧（如“禅寺丸”、野柿等实生苗）。树势中庸，树姿开长。1年生枝粗且长，节间长，休眠枝略呈褐色，皮孔明显而凸起。嫩叶黄绿色，叶柄绿中带红，落叶期叶色变红，叶柄微红色。全株仅有雌花。萌芽迟，抗晚霜能力强。但有早霜为害的地区果顶易软化。在修剪时以疏为主，少留背后枝，结果母枝不短截，3～4年生的结果枝组需更新，以促发粗壮的结果母枝。

该品种结果太多时果实小，应注意疏蕾和疏果。此外，易感落叶病、炭疽病和根癌病，在生产上需注意病虫害防治。

**3. 晚熟品种**

（1）骏河　原产日本，系由农林水产省果树试验场育成的杂交品种，亲本为“花御所”×“晚御所”。1984年引入我国，在陕西、浙江、北京、河南等地有零星栽培。属完全甜柿。果实扁心脏形，外形略呈五棱形，横断面方形。平均单果重151 g，最大果重250 g。果皮概红色，具光泽，无纵沟，在果肩处有许多皱纹和黑色线状锈斑，无丝痕。但蜜腺常发育成果肉状，位于蒂下，易误认为缴痕，果肉几无褐斑，种子极少，种子三角形，每果含2～3粒，果肉致密，坚硬，深红色，软化后黏质。汁液中等，味较甜，糖度16%，有轻微残涩，品质上。在国家资源圃11月上旬成熟。耐贮性强。与“君迁子”

嫁接亲和力较强。树势强健，幼树树姿较直立，成年树逐渐开张。树条细短，分枝少，一年生枝长，呈特殊的深赤褐色，具光泽，皮孔清晰。萌芽早，叶片大而浓绿，富光泽。新叶深绿色。全株仅有雌花，单性结实能力强。

该品种开始结果早，丰产、稳产，栽培容易。抗炭疽病。成熟极晚，是完全甜柿中最晚熟的品种，极耐贮运，作为配套品种可以在南方发展。

（2）海库曼　美国品种，可能系日本甜柿品种“百目”或其变异。1989 年引入我国，在陕西、河南、湖北、云南等地有少量栽培。属不完全甜柿。果实球形或椭圆形。单果平均重 182 g，最大果重 200 g。果皮橙红色，无纵沟。肉质脆而致密，果汁多，味甜，糖度 17%，品质中上，褐斑小而少，种子 3 ～ 4 粒。在国家资源圃 11 月上旬成熟。与“君迁子”嫁接亲和力强。树势强健，树姿半开张。无雄花，开始结果早。

该品种成熟期晚，耐贮性强，可适当发展。

（3）晚御所　原产日本。引入我国后在国家资源圃和华中农业大学柿圃有植株保存。果实扁方形，果实大。平均单果重 165 g，最大果重 210 g，纵径 5.0 cm，横径 7.2 cm，大小整齐。橙红色，软化后朱红色。果皮细腻，果粉较多，果顶有少量裂纹，偶有蒂隙，无纵沟，有纵向条锈斑，无断痕，十字沟不明显。果顶狭平微凹，脐平，花柱遗迹断针状。蒂洼深、狭，果肩圆，无棱状突起。果柄粗，较长。柿蒂较大，圆形，微红色，具环形纹，果梗附近凹陷。萼片 4 枚，较大，扁心脏形，上竖。相邻萼片的基部联合，边缘互相稍重叠。果实横断面圆形。果肉橙红色，黑斑小而少，纤维多而细长。肉质松脆，软化后黏质，汁液较多，味浓甜，糖度 25%，髓大、形正，成熟时实心。心室 8 个，长条形。心皮在果内合缝呈抱蛋形，果内有肉球，种子 4 ～ 5 粒。品质上。在国家资源圃 11 月上旬成熟。

该品种品质优，产量较高，耐贮性强。但成熟期较晚，北方早霜来临早的年份不易成熟。可在南方适量发展。

### （三）涩柿品种

（1）大磨盘　也叫磨盘柿、盖柿、合柿、箍箍柿、腰带柿、帽儿柿等。现在北京对外出口的“北京密柿”就是该品种。树势中强，分枝少，结果能力强，果实个大，为柿中之冠，平均单果重 250 g 最大达 500 g。皮薄、肉细，无种子，味甜、汁特多，是鲜食的优良品种，鲜柿耐贮运 10 月底至 11 月上旬成熟，果实扁圆形，形如磨盘中部有大缩痕。

该品种喜肥沃，抗旱，抗风力差，大小年较重。如山东，山西、河南、陕西也有分布。河北满城、完县多栽培此品种。

（2）小萼子柿　亦称牛心柿。产于山东益都。果实心脏形，横断面略方，无纵沟，果顶尖圆、凸起，果肩圆形，蒂较小、蒂洼浅、萼片直角卷起。平均重 100 g。果皮橙红色。肉质细腻、多汁味甜、纤维少，多数无核，品质上等，最宜制饼，也可软食。10 月中、下旬成熟。

该品种耐瘠薄，丰产，大小年不明显。适宜我国大部分柿产区栽培。

（3）干帽盔　亦称牛心柿、尖顶柿、火柿。产于陕西秦岭以南、甘肃陇西及湖北郧阳地区。果实心脏形，无明显的纵沟，无釜痕，果顶渐圆尖。平均重 120 g。果皮浅橙红色。果肉致密、干绵稍甜含糖量 18%，核少，最宜制饼，出饼率特高。耐贮运。10月上、中旬成熟。该品种树冠圆头形，树势强健，枝条褐色，叶片中等大，纺锤形。

该品种结果期早，抗旱、耐涝，丰产。适宜我国西北、华北、江淮流域等地栽培。

（4）镜面柿　又称小二糙，产于山东菏泽。果实扁圆形，横断面略方。平均重125 g。果皮橙红色，光滑。果肉松脆、汁多味甜，无核，品质上等，生食及制饼均可，尤以制饼最为适宜。10月上旬至10月下旬成熟。制成的柿饼质细、透明、味甜、霜厚，以“曹州耿饼”驰名中外。该品种树冠圆头形，树势开张，生长势旺。

该品种适应性强，抗旱，耐涝，丰产稳产，但不耐寒。适宜我国华东、华北地区栽培。

（5）眉县牛心柿　亦称水柿、帽盔柿。产于陕西眉县、周至、武功、扶风和彬县一带。果实方心脏形，纵沟无或甚浅，果顶十字沟浅。平均重180g。果皮橙红色。肉质细软、汁特多、纤维少、味甜，含糖量17%～18%，无核，品质上等，最宜软食，亦可制饼。不耐贮运。10月中、下旬成熟。该品种树冠圆头形，树势强健，枝条稀疏。叶片大、卵圆形。

该品种高产稳产，抗风耐涝，病虫害少。适宜我国陕西、甘肃、山西、河南等地栽培。

（6）安溪油柿　产于福建安溪。果实呈稍高的扁圆形，纵沟不明显，果顶广平，脐微凹。平均重280g。果皮橙红色。肉质柔软、细腻、多汁味甜、纤维少，品质上等，鲜食加工兼优。10月中旬成熟。该品种树冠高大，树姿较开张，枝条稀疏。叶广椭圆形，先端渐尖或钝尖，基部宽楔形或圆形。

该品种适宜我国南方、华南地区栽培。

（7）恭城水柿　又称月柿、饼柿。产于广西恭城、平乐、荔浦、容县、富川一带。果实扁圆形，无纵沟，果顶广平，脐部凹陷，十字沟微显。平均重150～250 g。果皮橙红色。肉质细腻、味甜，一般无核，品质上等，最宜制饼。10月下旬成熟。该品种树势中庸，树冠圆头形或半圆形，枝条稀疏粗壮，叶长心脏形，先端突尖，基部圆形。

该品种适应性强，丰产，但生理落果较产重。适宜我国南方各省（自治区）栽培。

（8）莲花柿　又叫萼子、托柿。分布于河北，山东等省。果实中等大，平均重150 g。橙黄色或橘红色，短圆柱形、略方，果顶平，果面有十字形沟纹，釜痕较浅，果基部平滑，梗洼广而中深。萼片平展，果心闭合，无种子，果肉橙红色，皮薄，纤维较多，味甜，品质上等。10月中旬成熟，不耐储存，宜脆食，也可制饼。该品种树冠高大，结果后树姿开张、圆头形，枝条粗壮、稠密。叶片小而厚，浓绿，有光泽，阔椭圆形，先端钝尖，基部近圆形。

该品种适应性强，要求管理条件不高，成花容易，丰产稳产，抗风力强。

（9）绵柿　又叫绵瓢柿、绵羊头。产于太行山区，主要在河北省的涉县、武安、邢台、沙河、内丘等县（市）。果实中等大，平均重140 g，果实短圆锥形，橘红色。果顶狭平或圆形，具4条纵沟，基部釜痕浅，肉座状。蒂小，萼片微翘。果肉金黄色，质地绵，纤维少，含糖量20%～25%，品质上等。心室8个，闭合，无核，10月下旬成熟，可生食，但最适宜制饼，出饼率高，制成的柿饼个大，柔软，霜厚洁白，果肉金黄透明，富有弹性。该品种树势强健，结果后树姿逐渐开张，树冠自然半圆形。新梢红褐色，较柔软。叶片大，纺锤形，先端急尖，基部楔形，叶背及叶柄具茸毛。

该品种适应性强，抗旱，萌芽力和成枝力高，成花容易，但落果多，抗柿疯病能力差。

（10）树梢红　产于河南偃师，是河南省林业科学研究所等单位在 1983 年资源调查中新发现的极早熟农家品种。目前除在河北省推广试栽外，江苏、浙江、湖南、四川、福建、广西、安徽、北京、上海等省（直辖市、自治区）有引种。果实整齐，平均果重 150 g，最大 210 g，扁方形，果顶略有凸起，果肩平，略有 4 个棱突，蒂洼浅而狭。果蒂绿色，蒂座方形，萼片中等大，扁心脏形，斜向上伸展，边缘外翻。果皮橙黄色，光滑细腻，有时有锈斑。果肉橙红色，纤维少、汁液多，含可溶性固形物 21.5%，甘甜爽口，有 1 ～ 2 粒种子或无，品质上。果实 8 月中旬成熟，易脱涩，硬食软食皆优，但不耐久藏。该品种树势中庸，树姿开张，树冠圆头形。枝条细长，密度中等。叶较小，具光泽，椭圆形，先端渐尖，基部楔形，叶缘稍呈波浪状，两侧微向内折。花小，只有雌花。

该品种果实大、果形好、色泽鲜艳，成熟早、品质上等，是很有发展前途的鲜食品种。

（11）博爱八月黄　产于河南博爱县。与河南荥阳八月黄，福建八月黄及山东菏泽八月黄是同名异物。果实中等大，平均重 130 g，果顶广平或微凹，十字沟浅，基部方形。蒂大，果肉脆，纤维粗，味甜，含糖量 17% ～ 20%，10 月中旬成熟，冠圆头形，树姿开张，枝条粗壮，棕褐色，叶片椭圆形，先端渐尖，基部楔形。

该品种高产稳产，无核，品质上等，最宜制饼，也可软食。

但易遭柿蒂虫为害。

（12）七月造（早） 又叫七月糙。产于河南洛阳、山西垣曲。果实大。平均重180 g，扁心脏形，橙红色，果顶凸尖，皮薄，果肉汁多、味甜、纤维少，品质中上等。特别早熟，在洛阳8月下旬成熟。树冠圆锥形，树势中庸，叶色浓绿。

该品种供鲜食，不耐贮藏。

（13）橘蜜柿 又叫旱柿、八月红、镜面柿、梨儿柿、小柿、水沙柿。产于山西西南部及陕西关中东部。果实小，平均重70～80 g，形状似橘，扁圆形，橘红色。果肩常有断续缴痕，呈花瓣状，无纵沟，果顶广平，微凹，十字纹较浅。肉质松脆，味甜爽口，含糖量20%，无核、品质上等。10月上旬成熟，鲜食、制饼均可。制饼时所需时间极短。该品种树冠圆头形，树势中庸，枝细。叶小，椭圆形，先端钝，边缘向里卷曲，叶背具茸毛。寿命长。

该品种适应范围广，高产稳产，抗旱，抗寒。

（14）孝义牛心柿 产于山西省孝义、汾阳、平遥、交城、文水、清徐等地，以孝义栽培最集中。果实中等大，平均重105 g，心脏形，橙红色。柿蒂下偶有缴痕，呈花瓣状。具纵沟，果顶渐狭尖，十字纹明显。萼片大，重叠翘起。果皮较厚，果肉汁多，味甜，无核，品质中上等。在山西10月中旬成熟，宜生食。该品种树势强，树冠半开张，新梢粗壮，暗红色。叶中等大；椭圆形，先端锐尖，基部楔形，叶柄浅绿色。

该品种适应性强，抗寒，病虫害少，丰产，但大小年明显。

（15）火晶 产于陕西关中地区，以临潼区最为集中。果实小，平均重70 g，扁圆形，橙红色，软化后朱红色。无纵沟，果顶十字沟浅。蒂小，方形，有十字纹。皮细而光滑。

果肉致密，纤维少，汁中等，味甜，含糖量19%～21%，无核，品质上等。在陕西10月上旬成熟，极易软化。最宜以软柿供应市场。耐贮藏，可贮至翌年3月。该品种树冠自然半圆形，树势强健，萌芽力强，枝条细而密。叶狭小，椭圆形，先端渐尖，基部楔形。

该品种对土壤要求不严，黏土或沙土均能栽培。较耐旱，丰产稳产。

（16）鸡心黄　又叫菊心黄。产于陕西关中地区，以三原县最集中。果实中等大，平均重100 g，心脏形，橙黄色。长期栽培形成平顶和尖顶两种类型。果皮常有网状花纹。果肉细，汁液多，味甜，含糖量19%，无核，品质上等。在陕西11月上旬成熟，但9月中、下旬果顶变黄之后就可陆续供应市场，极易脱涩，最宜以硬柿供食，也可软食或制饼。该品种树冠圆头形，枝条中粗，叶椭圆形，叶面呈波状皱缩。

该品种抗寒，抗旱，对肥水要求敏感，及时施肥浇水时，增产效果显著。

（17）馍馍柿　又叫大柿子。产于甘肃文县、武都、舟曲。果实大，平均重170 g，心脏形，横断面略方，橙红色。纵沟浅，无釜痕。皮细，光滑，蒂圆，微凸，有皱纹和环形纹。果肉细嫩，稀具褐斑，柔软，汁液特多、味浓甜，含糖量21%，核少，品质上等。在甘肃10月上旬成熟，最宜制饼。该品种树冠高大，呈圆锥形，树姿半开张。枝叶茂密，叶大、椭圆形，微呈波状皱缩。

该品种产量高，但大小年明显。

（18）元宵柿　产于广东潮阳和普宁一带，福建诏安等地也有分布。果实极大，重200 g以上，最大可达300 g，扁圆形，橙黄色。纵沟不明显，有黑色线状锈纹。蒂洼深，萼小，卷曲向上。果肉柔软，味浓甜，含糖量 21%，品质上等。采收期长，在广东潮阳 9 月下旬至 11 月上旬都可采收，一般在 10 月中、下旬采收，是制饼和鲜食兼优的品种。该品种树体高大，鲜果能储存至元宵节。

该品种高产稳产，果大，成熟期晚，是当地最有前途的鲜食和制饼兼优品种。

（19）铜盆柿　又叫扁花柿、方柿。产于浙江杭州，永康、德清也有栽培。果实中等大，平均重 130 g，呈稍高的扁圆形，橙红色。纵沟无或浅，果顶广平，脐部深凹。萼绿色，半竖起。果皮薄而韧，纤维少，味甜。果心有卵圆形的肉球。无核或少核，品质上。在杭州 9 月上旬至 10 月上旬成熟。树冠扁圆头形，幼树枝条直立，以后逐渐开张。叶广卵圆形，先端稍尖，基部圆。

该品种鲜食为主，也可制饼。

（20）大红袍　又名满天红，胎里红，主要分布于石家庄地区赞皇、元氏、获鹿、井经和邯郸涉县磁县。树势健壮，枝条开张，果实中等大，大小整齐，平均单果重 145 ～ 200 g，扁圆形，横断面略呈方形，果皮极薄桔红色，一般无缩痕（有浅继痕）果实味甜，汁液较少。

该品种 10 月上中旬成熟，鲜食或制饼。落花落果重，大小年重，丰产性中等。

（21）绵额柿　又名绵羊头、绵柿，主要分布在河北省南部山区，主产地在邢台、赞皇、涉县、树势较强，果实较小，平均 135 g，有纵沟条，果肉汁多，味甜，品质上等，宜生食或制饼，耐贮运。

该品种 9 月中旬成熟，适应性强，大小年较重。

（22）摘家烘　产于洛阳，宜阳等地，由于极易脱涩，故名摘家烘。树冠开张，树干较光滑，叶片中大。果扁方圆形，果个较小，平均重 95 g，果肉红黄色，质细味甜，汁中多，适于作软柿鲜食，成熟期早，9 月下旬成熟。

该品种高产，稳产，不耐贮运，亦在城郊发展。

（23）水柿　与山东宁阳、福建惠安、广西恭城，贵州及云南文山自治州的水柿同名异物。产于荥阳县是当地主栽品种，树姿较开张，叶片中大，浅绿，果实方圆形，单果重 133.3 g，果皮橙黄而薄，果肉黄色汁多，味甜。

该品种 10 月下旬成熟。生食不易脱涩，最宜加工制饼，落花落果重，适应性强。

（24）鹅黄柿　分布很广，为鲁西一带及费县、苍山、平邑、郯城、临沂、莒县等地，主栽品种，树势中庸，树姿开张，萌芽力，成枝力中等，果实近长广心脏形，故名牛心柿，果中大，单果重 144 g，果皮橘黄色，皮薄，果肉质地中粗，汁较少。

该品种 10 月中旬成熟，耐贮，硬食制皆可，抗病虫性能差。

（25）小面糊　主产于历城、长清、树势中庸或较强，树姿半开张，开始结果早，果实圆锥形，较小，平均重 90 g，有对称的四条纵沟。皮薄，光滑，10 月上旬成熟，最宜制饼，出饼率达 35%，亦可生食。

该品种适应中性强，丰产，稳产。

（26）暑黄柿　主要分布在晋东南沁水、阳城、晋城、陵川等地，起源于河南郑州，是明朝年间引入山西栽培，树冠圆形，叶片中大，较薄，果实是短方柱形，果小，平均单果重 84 g，果肉味甜，汁中，无种子。

该品种10月中旬成熟，生食制饼皆可。

（27）牛心柿　产于洪洞，孝义、汾阳、交城、元水、清徐等县，以孝义栽培最集中，占当地栽培总株数99%。树冠半开张，叶片中大，果中大，似牛心形，单果重105 g，果面十字沟较明显，无种子。

该品种丰产，适应性强，亦生食。

（25）雁过红　又名艳果红、圆冠红。主产于中国山西稷山等地。果实大，平均单果重150 g，扁心脏形，朱红色。果顶尖，十字沟明显，果基部方圆形。萼片中等大，蒂平，果皮薄，果肉纤维少，质脆，汁多，味极甜。当地9月中下旬成熟，宜硬食或软食，也可制饼。

该品种早熟，色红而艳，味甜，栽培技术要求较严，肥水不足时大小年明显。

## （四）制饼用品种

富平尖柿　原产中国陕西富平。按果形分为平底尖柿和辣角尖柿两种。果个中等，平均单果重155 g，长椭圆形，大小较一致。皮橙黄色，果粉较多，无缢痕，无纵沟，果顶尖。果基凹，有皱。果肉橙黄色，肉质致密，纤维少，汁液多，味极甜，无性成熟少核，品质上等。当地10月下旬成熟。

该品种最宜制饼，加工的“合儿饼”具有个大、霜白、底亮、质润、味香甜五大特色。

# 第三章

# 柿的生物学特性及对环境条件的要求

## 一、根系

柿根系强大，主根发达，在土层深厚而肥沃的土壤里，主根可深入地下 3 ～ 4 m 以上，水平距离为树冠的 2 倍以上，吸收肥水能力强。柿树的根对氧气要求低，抗涝性也强。根系一年 2 ～ 3 次生长高峰，一般从 3 月上旬至 4 月中旬为第一次生长高峰，随着开花和新梢加速生长，根的生长转入低潮；从新梢将近停止生长时起，到果实加速生长（6 ～ 7 月份）以前，出现根的第二次生长高峰，此期是全年发根最多的时期；从 9 月上旬至 11 月下旬，随着叶片所造养分的回流，根系生长越来越弱，至土壤温度降低到接近 0℃时停止生长，进入被迫休眠期。

同其他树种相似，柿树的根系也由主根、侧根和须根组成。主根和大型侧根统称骨干根。骨干根粗壮，寿命长，分叉多，角度大。须根细长，着生在各级骨干根上，寿命短，常常多次分叉而成为相对独立的根群，在土壤上层呈羽毛状，在土壤下层多呈扇形，先端着生根毛。

柿树的根初生为白色，不久则变为黑色。老根粗糙，表面有裂纹，切开后里面为白色，由于柿的根系含有较多的单宁，切面遇空气很快变为黄色。正在伸长的新根为蓝褐色，先端为灰白色。柿树为深根性果树，但随砧木的不同而有差异。以“君迁子”（黑枣、软枣）为砧木嫁接的柿树根系庞大，侧根和须根发达，分枝能力强，纵横交错，密布如网。但主根不发达，根层分布较浅，较抗旱、较耐瘠薄，且耐寒性较强。而以栽培柿或野柿作共砧（柿砧）嫁接的柿树，其主根发达，根层分布深，侧根和须根少，较耐湿，但耐寒性较弱。在黄土地带生长的柿树，根系分布深度可达 3 ～ 5 m，水平分布为树冠的 2 ～ 4 倍，但主要分布于 60 cm 以上的土层中。

柿根系春季开始生长晚于地上部，一般在春季展叶后新梢即将枯顶时根系才开始生长。根系一年有 3 次生长高峰。第一次在 5 月上、中旬（新梢停止生长后至开花前），开花期间生长缓慢；第二次在 5 月下旬至 6 月上旬（花期之后至果实快速生长前），此期是根系全年生长量最大的时期，果实快速生长期的 6 月中旬至 7 月上旬，根系有一暂时停止生长阶段；第三次在 7 月中旬至 8 月上旬（果实迅速膨大期之前），8 月上旬后至 9 月中旬为根系生长缓慢阶段；9 月下旬之后，随着温度的降低，根系逐渐停止生长（图 3–1）。

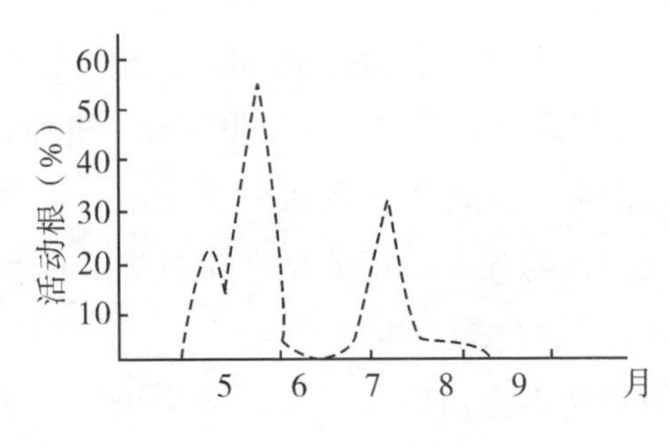


图 3–1　柿根生长曲线

柿树根细胞的渗透压比较低，从生理上看并不抗旱，但由于根系的分布较深，能吸收土壤深层的水分，从而弥补了生理上吸水能力较弱的缺陷。此外，柿树根系含单宁类物质较多，受伤后不易愈合，损伤恢复慢。因此，生产上在苗木繁育、挖掘、运输、保存和定植时，应充分注意柿树根系的这些特点，尽量保证苗木根系完整，避免伤根，并始终保持一定的湿度。否则，苗木定植后的缓苗期较长，成活率较低。

## 二、枝、芽、叶

### （一）枝条

柿树在日平均温度达 12℃以上时萌芽，北方多在 4 月下旬。在萌芽展叶后，枝条生长迅速。柿树枝条生长以春季为主，成年树每年只有 1 次生长，生长期很短，自展叶至枯顶，约 30 天，到开花之前基本停止，生长量小，一般 15 ～ 20 cm。但南方柿产区或肥水条件较好的幼树或生长势较强的成年树，一年也可能有 2 ～ 3 次生长高峰。枝条的生长强度与品种、树龄、着生部位以及坐果的多少有关。据河北农业大学对“磨

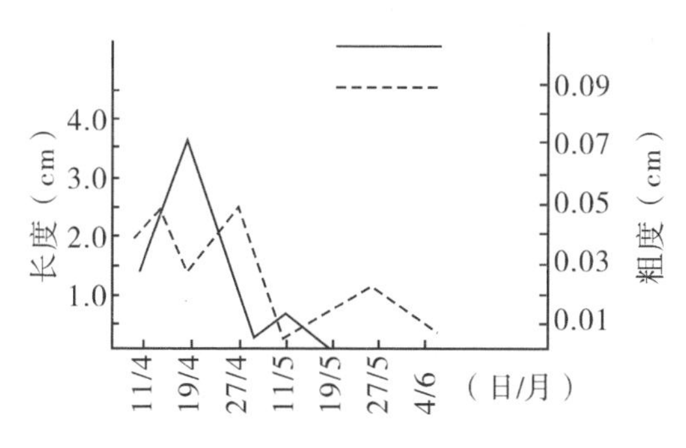


图 3–2　磨盘柿枝条生长动态曲线

盘柿”的观察（1982 年），枝条加粗生长持续时间长，并与加长生长交错进行，一年中加粗生长出现 3 次高峰（图 3-2）。

枝条顶端在枝条生长达到一定的高度以后，茎尖生长点自行枯死并脱落，其下的腋芽代替顶芽生长。因此，柿树枝条并无真正意义上的顶芽，这一特性通常称为“伪顶芽现象”。柿树枝条一般可分为结果母枝、结果枝、生长枝（发育枝）和徒长枝等四类（图 3-3）。

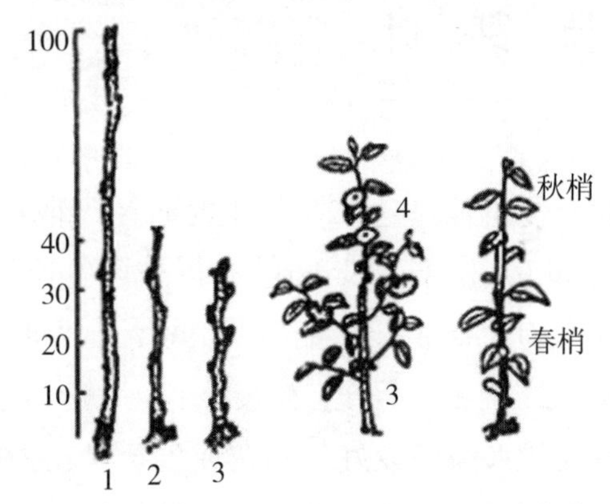


图 3-3　柿树的枝（左为休眠期、右为生长期）

1. 徒长枝　2. 发育枝　3. 结果母枝　4. 结果枝

**1. 结果母枝**　着生具混合花芽及抽生结果枝的枝条。生长势中等，一般长 10 ～ 30 cm。其顶芽及以下 1 ～ 3 个侧芽是混合花芽，第二年抽枝开花结果。结果母枝一般较粗壮，可由当年强壮的发育枝、生长势减缓的徒长枝、粗壮而位于顶部的结果枝或花果脱落后的结果枝转化而成。

**2. 结果枝**　能开花结果的枝条，由结果母枝上的混合芽发育而成，位于结果母枝的上部。结果枝大多由结果母枝的伪顶芽及其以下 1 ～ 3 个侧芽发出。结果枝基部 1 ～ 3 节为隐芽，中部数节着生花蕾开花结果，不再产生腋芽，顶部几节多为叶芽。一般从结果枝基部往上第 3 ～ 5 片叶开始，在叶腋间开花结果。再长 7 ～ 9 片叶，顶芽停止生长而枯萎（图 3–4）。

图 3–4　柿树结果枝开花状

在生长健壮的树上，营养条件好的结果枝，在结果的当年也能形成混合花芽，第二年继续抽生结果枝，开花结果。由于柿树成花容易，进入盛果期以后，萌发的新枝大多为结果枝。

3. **发育枝**　只长叶而不开花结果的枝条。发育枝由二年生枝上的叶芽或多年生枝上受刺激后的潜伏芽、副芽萌发而成。各节着生叶片，叶腋有芽，不着生花。发育枝长度很不一致，长的可达 40 ～ 50 cm，短的只有 3 ～ 5 cm。

根据发育枝的营养状况又可分成两类：第一类是健壮发育枝，着生在二年生枝顶部或由多年生枝上的潜伏芽、副芽萌发而成，枝条粗壮，长度在 10 cm 以上。如果管理条件好、营养充足时，顶部可形成花芽而转变成结果母枝。第二类是细弱发育枝，多数着生在二年生枝条的中部，分枝角度大，生长细弱，长度在 10 cm 以下，不能形成花芽，徒耗养分，影响通风透光，修剪时应疏除。

**4. 徒长枝**　是生长最旺盛的发育枝。一般由潜伏芽或枝条基部的副芽受刺激后发育而成，为发育枝中生长非常旺盛的枝条，长度可超过50 cm。直立生长，生长时间长且生长量大，生长势强，停止生长晚，常发生二次生长，节间长，叶片大，枝条顶部不充实。但若在生长季适时摘心控制，多数可转化为结果母枝。这类徒长枝也是树冠更新的主要枝条，位置合适的，可培养成结果枝组。

幼年柿树枝条的分生角度较小，枝条多直立生长。但进入结果期后，大枝逐渐开张，并随树龄的增加逐渐弯曲和下垂，此时，极易发生直立的背上枝来更新下垂枝，使大枝多呈连续弓形延伸的特点。

柿树的枝条生长具有以下特性：

（1）由于成花容易，幼树进入结果期，萌发的新枝大多为结果枝。结果枝大多由结果母枝的顶芽，及顶芽以下1～3个侧芽发出。再以下的侧芽发生为生长枝，生长枝一般都比较短而弱；较旺的生长枝大多由上年已结过果而今年不能在连年结果的枝条上发出，或由潜伏芽发出。徒长枝大多是由潜伏芽发出，生长时间长，生长量也较大有的可达1 m以上。

（2）柿树枝条生长以春季为主，成年树一般一年只有一次生长，幼树和旺树有的一年可生长2～3次梢。柿芽当春季萌发生长达一定长度后，顶端幼尖即自行枯萎脱落，使其下第一个侧芽成为顶芽，故柿子无真正的顶芽，只有伪顶芽。

（3）柿树顶芽生长优势比较明显，能形成明显的中心干，并使枝条具有层性，这种特性尤以幼树期较为明显。幼树枝条分生角度小，枝条多直立生长；当进入结果期后，大枝逐渐开张，并随年龄的增长逐渐弯曲下垂。

（4）柿树枝条基部两侧各有一个为鳞片覆盖的副芽，形大而明显；这两个副芽一般不萌发，为潜伏状态，一旦萌发，枝条会生长壮旺，柿的更新枝大多由这潜伏的副芽所萌发，因此是人工更新修剪的利用对象。

（5）柿树大枝一旦衰老下垂或回缩剪断，后部背上极易发生更新枝，是柿更新枝发生较早、更新频率较大的主要原因，也是人工进行树体更新的主要依据。由于大枝易弯曲下垂而后部较易发生更新枝代替原头向前生长，所以多次更新之后，大枝多呈连续弓形向前延伸的现象。

## （二）芽

柿树的芽多为扁三角形，表面密被茸毛，枝条上部芽大，由顶端往下逐渐变小。柿树的芽依其位置可分为顶芽（伪顶芽）和侧芽两类，依其性质可分为混合花芽和叶芽两类，依其形态构造和性质可分为以下 4 种（图 3–5）。

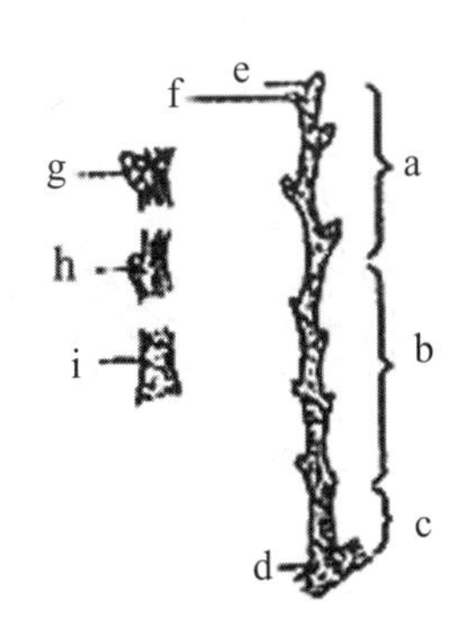


图 3–5　柿树芽的类型

a. 上部花芽　b. 中部叶芽　c. 基部隐芽　d. 副芽　e. 假顶芽

f. 自枯点　g. 花芽（混合芽）　h. 叶芽　i. 隐芽

**1. 混合芽** 主要在结果母枝顶部，芽体肥大饱满，芽内既有花的原始体又有枝叶的原始体。较粗壮的结果母枝有1～3个混合芽（有时可到4～5个或更多），细弱的结果母枝仅顶芽为混合芽。混合芽萌发后形成结果枝。

**2. 叶芽** 着生在结果母枝的中部、结果枝的上部或发育枝上，形体较混合芽瘦小，芽体紧贴于枝条之上，萌发后抽生发育枝。

**3. 隐芽** 又称潜伏芽，着生在当年生枝条下部或多年生枝上，芽体很小，扁平，一般不萌发，在枝条上部受到损伤后萌发，形成发育枝或徒长枝。北方在“立夏”节进行芽接时即用此芽。潜伏芽寿命长，可维持十余年之久，是树体更新的主要来源。

**4. 副芽** 对称着生于枝条基部两侧，芽体较大，扁平而呈等腰三角形，有鳞片覆盖。正常情况下不萌发，当枝条受损或重截回缩后便可萌发抽枝，是折枝采收、更新修剪萌发预备枝的主要芽体，其寿命比潜伏芽长，萌芽力也比潜伏芽强（图3–6）。

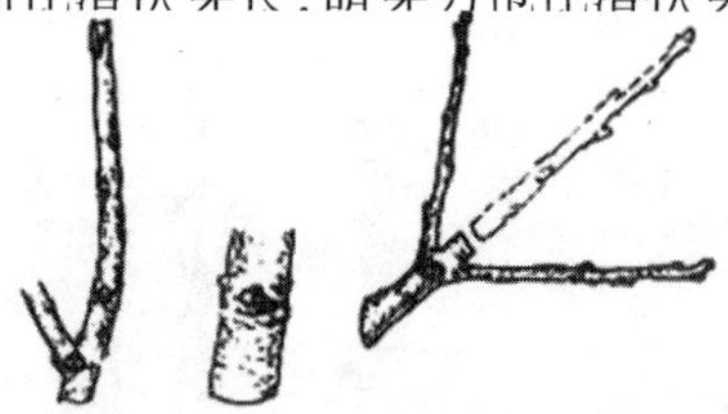

图3–6 柿树的副芽及重剪后萌发抽枝状

## （三）叶片

柿树的叶片为单叶，是进行光合作用和蒸腾作用的重要器官。春季萌芽之后随枝条的生长叶片相继出现。展叶之后20天左右，叶片轮廓已基本长成，这是叶面积形成最快的时期。

叶片数量、大小以及在树冠中的分布、叶幕的厚薄等都直接关系着树体的强弱以及果实的产量和品质（图 3-7）。

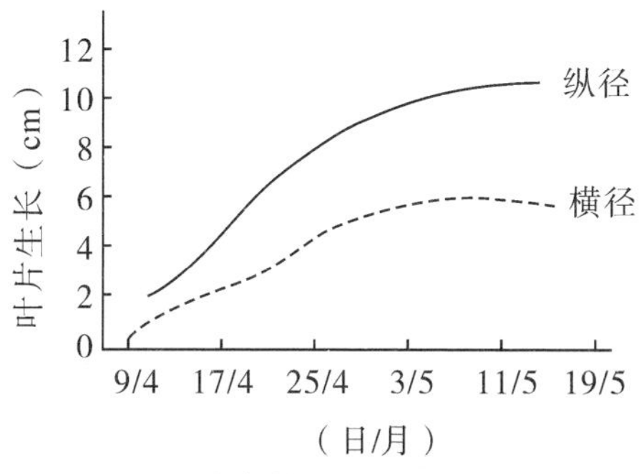


图 3-7　“磨盘柿”叶片生长动态曲线

柿树叶片的大小、形状及颜色因品种不同而有所差异，同一枝条上叶片的形状和大小与其着生部位有关。一般枝条基部的叶片小而圆，中部的叶片最大，发育正常，顶部叶中等大，较狭长。柿树叶片的形状多为椭圆形、阔椭圆形、长椭圆形、卵形、倒卵形等，叶缘有时波浪状皱缩，叶尖有时扭曲。叶柄较短，多茸毛。在甜柿品种中，叶片最大的为“伽罗”，叶面积达 200 cm；“骏河”“大宫早生”等次之，叶面积为 130 ～ 150 cm；“富有”“伊豆”“花御所”“正月”“甘百目”等为中等大小，叶面积为 90 ～ 110 cm；“黑柿”等品种较小，叶面积仅为 50 cm 左右。

叶色在品种间差异较大。嫩叶期叶色有浓淡之别，如“次郎”的嫩叶颜色较淡，有些品种还带有银灰色（如“赤柿”“御所”等）、褐色（如“晚御所”“西村早生”等）或赤褐色（“藤原御所”）。落叶期叶色可从绿色变为褐色（如“松本早生”“甘百目”等）、黄绿色（“大宫早生”）、紫红色（如“伊豆”“次郎”“花御所”“正月”等）、墨绿色（“若杉系次郎”）

等多种。叶片大小，形状和颜色是识别品种和营养诊断的依据。

## 三、枝叶生长的特点

柿树具有生长旺盛，成枝力萌芽力强、树势开张、层性明显、更新容易、寿命长等特点。

**1. 萌芽力、成枝力强，顶端优势、层性明显**

成年柿子树枝条除中下部芽子不萌发外，大部分都能萌发抽生结果母枝和生长枝。由于柿树易成花，幼树进入结果期后，单枝生长势明显减弱，萌发的新枝大多为结果母枝（即一年生枝多能形成花芽）。而生长枝多为结果母枝中下部叶芽萌发，一般都较短而弱，旺的生长枝多由不能连续结果的枝条上部叶芽或由潜伏芽发出。柿树顶芽生长优势也较明显，特别是在幼苗树期，表现出强的顶端优势，形成明显的中心主干和良好的层性，且在幼树期间枝条分生角度小，多直立生长。随树龄的增长，大枝逐渐开张，逐渐弯曲下垂。

**2. 潜伏芽寿命长，易于更新**

柿树枝条基部有副芽，副芽一旦萌发即能长成强的大枝，且柿树潜伏芽寿命长，一般都在十至几十年，一旦受刺激即能长出强旺枝条，因此生产上常利用副芽和潜伏芽进行更新多状。潜伏芽萌发表现出较强的背上优势，当先端结果下垂后，后部潜伏芽即能自行更新复壮，这是其易更新且自持更新能力强的重要原因，因此在生产中放任生长有几百年生的大树，还能起到良好的结果。

**3. 柿枝萌芽晚，新梢开始生长迟，伸长期短**

柿树的萌芽要求日温度较高，一般要求平均气温在 12℃

以上才开始萌芽，因此萌芽比苹果、梨等树种晚，开始生长亦较晚。柿树新梢加长生长除外围延长枝和幼旺树的旺枝，徒长枝生长期较长外，一般成年树枝条的生长期比其他果树短，一般长枝只有30～40天，短枝、中枝生长期一般仅有1～3周左右。加长生长只有一次高潮，而加粗生长则表现为两次高潮。第一次高潮为加长生长之初；第二次高潮在加长停止时，第二次高潮生长势缓，但持续时间长。

在河北省中南部一般4月上旬开始展叶生长，4月下旬生长快，高峰；5月上旬以后生长减缓，5月中旬花期之前顶尖枯萎，停止加长生长。由于柿树停止生长早，叶幕形成快有利于开花坐果，花芽分化，因此连续高产结要率强，丰产，稳产在肥水管理上要顺应枝条生长的特点。花在新梢中部，若生长过旺造成落果，旺长期不施肥。“磨盘柿”类品种的结果枝生长更为特殊，在结果处下部明显加粗，而在其上部却很细，呈现两节现象，结果多的枝条这种现象更明显。一般由于上部枝细不能抽出健壮的枝条，则在生产上通过“折枝采收”把上部细枝折出，可起修剪作用。

## 四、花芽分化

柿树的花芽形态分化一般在开花以后1个月左右（即6月中旬左右）开始，到次年开花前结束。位于叶腋的顶端分生组织、分化成花的趋势称花芽分化。花芽的形成必须有一定的营养器官作基础，即先生长一定数量的枝叶，为花芽分化制造足够的有机养分。植物体内的无机养分（特别是氮）对生长有利，有机养分（以糖为代表）对繁殖有利，当有机养分超过一定限度时，便能促进性器官的形成。决定能否形成花芽的不是无机营养的绝对量，而是他们的比例，简单地说就是糖与氮之比，所以简称碳氮比（C/N）。花芽由两个黑褐色的鳞片紧抱下部，在鳞片的腋部各有一个很大的副芽；其内有 7 ～ 15 片维叶的腋部挤成扁平的小突起，基部为小芽，原基、中总为原始体。因此，整个花芽也可看成是一个“雏梢”。

花芽分化时期，由于地区和品种不同而有区别。6 月中旬至 8 月下旬花芽分化的速度很快，萼片、花瓣、雄蕊、雌蕊的原始体已先后形成。花原始体出现期在维梢中部腋部间隙增大，被挤扁的小突起的顶端形成三个隆起。大托叶期体积增大，中央突起的顶部变平，两边的隆起即为苞叶初生突起。萼片期花原始体显著增大，托叶初生突起伸长后，微向内曲，中央突起的边缘出现突起，即为萼片初生突起。花瓣期花原始体继续增大，托叶、萼片均向内弯曲，内侧产生新的突起，即为花瓣原始体。雄蕊期花原始体继续增大，并于花瓣内侧出现突起，即雄蕊初生突起。雌蕊期花原始体继续增大，于花体中心部出现锥形突起，即雄蕊（图 3–8）。

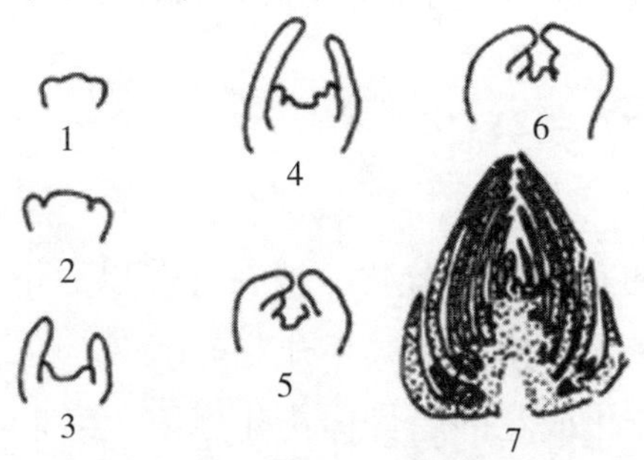


图 3–8 柿花芽分化过程

1. 花原始体出现期　2. 托叶期　3. 萼片期

4. 花瓣期　5. 雄蕊期　6. 雌蕊期　7. 花芽纵剖面

此后，花器各部迅速发育而达完全。花芽能否完全，要看枝条内有机养分多少而定，有机养分不足，发育中止，在新梢伸长不久便脱落，形成了育节。因此，树体的贮藏营养水平和早春的气候条件对花芽分化的数量和质量均有较大的影响。

## 五、开花坐果

柿树嫁接定植后一般 4 ～ 6 年开始结果，10 年后进入盛果期，经济寿命可达 100 年以上。

**1. 花的类型**

柿树有三种花，即雌花，雄花，两性花（完全花）（图 3–9）。雌花是指雄蕊发育不全或完全退化的花，雌花单生，个大，一般生于结果枝 3 ～ 8 节的叶腋间，以 4 ～ 6 节生着最多。雄花是指雌蕊发育不全或不具雌蕊的花，雄花是几朵成簇着生于叶腋部间，聚伞花序。每个花序有 1 ～ 3 朵花，大小只有雌花的 1/5 ～ 1/2。雌蕊退化，雄蕊 8 对，花丝短而花药长，大，花粉量。

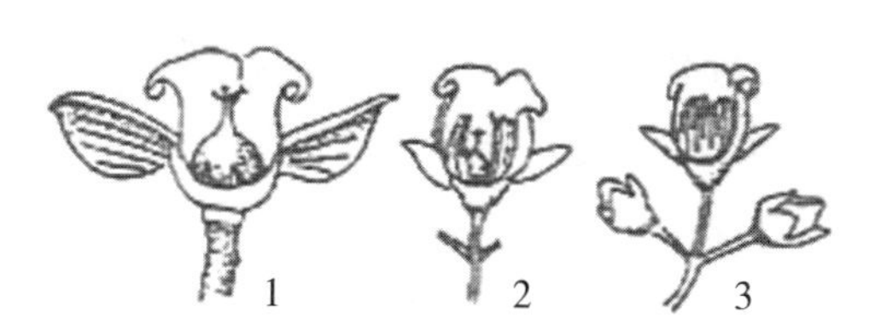


图 3–9　柿花种类

1. 雌花 2. 完全花 3. 雄花

两性花是指雌花、雄花皆发育完全的花。一般此类花在着生雌花的品种上出现。完全又可分为雌花型和雄花型两种，在外观上两花相似。但雌花型完全花雄蕊发育并不十分完全。雄花型完全花不像雌花型完全花那样单生于叶腋间，而是着生于雄花序中间。大小在雌、雄花之间，有雄蕊也有雌蕊，但有时雌蕊发育极差甚至不发育，这两类花结实率低，果小。及果实大小与雌蕊发育程度有关，雌蕊发育差的果小，发育好的果大，但这类果大至少是正常果的 1/3。柿树这种多花特点是长期自然选择及人工选择所形成的品种特点，越进化的品种，单性结实能力越强，雌花比例越大甚至无雄花和两性花（图 3–10）。

图 3–10　柿的雄花和雌花

雄花：1. 外观　2. 剖面　　雌花：3. 外观　4. 剖面

按照各种花在各品种上着生的情况，可将柿树分三种类型。

（1）雌株：即树上仅生雌花，不需粉即能结出无籽果实，我国绝大多数栽培品种属此类型，亦称雌能花品种。

（2）雌雄异花同株：一株树上有雌花也有雄花亦均着生在结果枝叶腋间，栽培的柿品种中有少数品种属此类型。如襄阳牛心柿、黑心柿、保定火柿、杵头柿。但有的品种这种特性不稳定，当营养条件好转时，则仅生雌花。这说明与营养有关。

（3）雌雄杂株：一株上有雌花，雄花，又有两性花。如陕西富平的五花柿，但一般野生树多具有雌雄杂株特性。

目前我国栽培的优良品种多为雌雄品种，虽然雌雄同株及杂株树也有优良类型，但多为实生后代或野生类型，果小，质差坐果率低，栽培价值低，除非个别品种有观赏价值。

**2. 花芽及结果部位**

柿花芽为混合芽（由于大部分品种仅有雌花，所以柿的花芽大多指混合芽在的雌花芽）着生在结果母枝的顶端及顶端以下几个侧芽。一般每个结果母枝着生 2 ～ 3 个混合芽，多者可达 7 个。混合芽来年萌发后抽生结果枝，在结果枝由下至上 3 ～ 8 节的叶腋间开花结果，质量好，抽生的结果枝长势强，数目多。以 4 ～ 6 节为最多。每个结果枝上的花数不等，一般 1 ～ 5 朵，个别结果枝自基部第三节开始至顶端每节都有花着生，但仍以中部花坐果率高（图 3-11）。

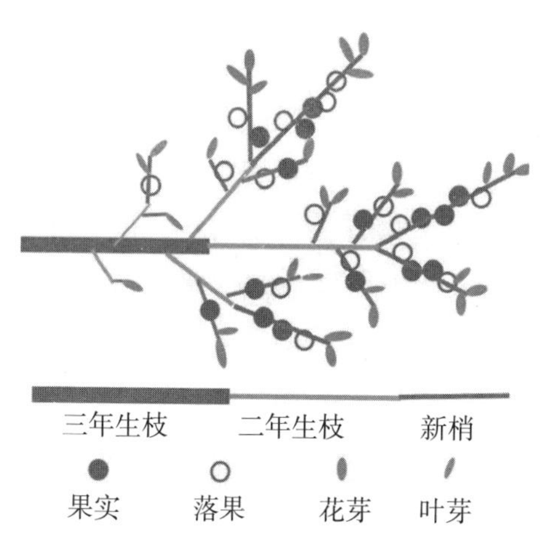


图 3-11　柿花着生示意图

结果母枝是结果枝的基枝，结果母枝的强弱与抽生结果枝的强弱有关。据调查，柿树为壮芽结果，即使潜伏芽萌发的徒长枝，若有充足的营养，也能分化花芽，强的结果母枝，着生花芽多，质量好，抽生的结果枝长势强，数目多，开花坐果率高，果实发育亦好，而弱结果母枝则相反。因此柿树管理的关键是培养健壮的结果母枝，修剪的最大特点是疏弱留强，去平留直。结果枝的开花坐果能力还与花芽着生节位有关，一般上部节位的花芽抽生结果枝生长势强，结实力亦强，其下的侧生花芽抽生的结果枝依减弱，结实力也依次减弱，果实发育亦受影响。

柿树结果枝连续结果能力与生长势强弱有关，正像山楂一样健壮的结果枝可以转化成结果母枝，连续结果。否则转化成营养枝。

柿树坐果能力及连续结果能力与品种及营养状况有关，一般小果型品种坐果率高，营养水平高，坐果率高，连续结果能力强，否则则差（如“大磨盘”）。而柿树大部分品种与授粉关系不大，因其单性结实能力强。

壮枝壮芽结果，连续结果能力强，单性结实不需授粉，多花并存。母枝上部着生花芽，结果枝中上部坐果。

柿树开花晚，一般在展叶后 30 ～ 40 天，日平均温度需在 17℃以上。开花延续时间各品种不同，为 3 ～ 12 天，多数品种为 6 天；单花寿命 1 ～ 5 天。有雄花的品种表现为雄花先开，同一花序的雄花，中间花先开。开花期较高的温度、充足的日照和适度低的空气湿度有利开花和坐果。

柿在开花前随枝条的迅速生长，结果枝上部叶腋间的花蕾即有脱落现象，一般落蕾率在 30% 左右，主要原因是花芽分化不完全。落花后至 7 月底为落果期，以花后 2 ～ 4 周生理落果较重，占落果总数的 60% ～ 80%，以后显著减轻。落果主要是树体营养不足，果实与枝叶或果实之间竞争养分剧烈而引起。一些单性结实力低的品种如“富有”“松本早生”等，如果缺少授粉树或花期低温阴雨，昆虫传粉机会减少，使授粉受精不良也引起落果。

柿树坐果率的高低除气候、土壤等立地条件和病虫害等影响因素外，还与品种及树体生长发育的状况关系密切，品种不同坐果率不同。柿为壮枝结果的果树。结果母枝越壮，抽生的结果枝越多，结果枝也越强。结果母枝的伪顶芽及以下几个侧芽可分化为混合花芽，一般每一结果母枝上着生2～3个混合芽，多者可达7个，混合芽次年抽生结果枝。每一结果枝能着生雌花1～9个，但以基部向上第3～7节上的花坐果率高。结果枝越健壮，结实率越高，果实也大。

结果枝的结实能力与发生果枝的芽位有关，顶芽抽生的结果枝生长势和结实能力均强，侧芽抽生的结果枝从上到下，依次减弱。结果枝的连续结果能力与生长势、结果量及树体的营养条件有关。大部分结果枝在结果后消耗营养多，无法形成混合芽，形成隔年结果。结果枝形成花蕾的各节，没有叶芽，结果后成为盲节。柿树由潜伏芽或副芽萌发的营养枝，大多数第二年或第三年能结果，不但生长势强，坐果能力也高，应注意保留利用。

## 六、果实发育

结果年龄也分为生长期、结果初期、盛果期、衰老期。

柿树嫁接苗若管理得当，一般栽后3～4年就可开花结果，7～10年进入盛果期，经济寿命100年以上，此阶段称为生长期，此阶段根系和骨干枝营养生长旺盛，新梢生长量大，可达 1 m 以上，并常常发生二次梢，分枝能力强，树冠把头生长，顶端优势明显，中心干生长旺盛。生产上此期重点是促冠成形，同时注意抑制局部生长，促使花芽形成，达到早果丰产目的。

结果初期限是指第一次结果至盛果期，此阶段特点是树体骨架逐渐形成，枝条角度逐渐开张，产量逐年增加，无隔年结果现象，此期长短与管理水平密切相关，生产上力求缩短这一时期，要加强上肥水管理，继续整形，培养骨干枝及各类枝组，轻剪为主，使树冠迅速达到最大营养面积，后期促使结果部位由辅养枝向骨干枝上转移，采取一切措施促进花芽形成，一般 7 ～ 10 年即可进入盛果期。

盛果期是从开始大量结果至衰老前产量明显下降段时间。此期树冠已成形，树姿开张当年外国抽生的新梢大部分为结果母枝，且枝条密集，下部和内膛细的枝枯死，结果部位外移，出现大小年结果现象，内膛出现更新枝。此期应加强肥水管理，精细修剪彩，搞好更新，调整负载量，延长此期时间。

衰老期是盛果期以后到植株衰老死亡的一段时期。此期树冠缩小，枯死枝逐年增多，产量下降，隐芽失去萌发更新能力。应注意早期更新易状。一般此期都在百年以上。

柿果形状常见有长形、方形、圆形、扁圆形、近宝珠形、磨盘形等。由 4 个萼片组成的发达柿蒂为柿果所特有。

开花坐果以后，果实迅速增大。在陕西省关中地区，柿果在 6 月下旬至 7 月上旬已基本定形，此后随果实的增大，果形指数变化不大。柿果的发育可分为 3 个时期：第一个时期是开花后 60 天内，幼果迅速膨大，主要是细胞数量增加，出现第一次快速生长；第二个时期是 7 月中旬至 9 月上中旬，主要是种子生长时期，果实膨大较缓慢，果形亦无明显变化，果实呈间歇性生长状态；第三个时期是 9 月中旬至采收，即果实着色后到采收前，果肉细胞吸水膨大，果实出现第二次快速生长期（图 3–12）。

图 3–12　磨盘柿果实发育过程

随着果实的增大，养分逐渐积累，糖的含量逐渐增多，尤其在着色以后含糖量迅速增加，单宁含量随着果实成熟而减少，单宁的性质也由可溶性单宁逐渐地变为不溶性单宁。

不完全甜柿果实的脱涩与种子数量有关。不同品种所要求的种子数量有很大的差异。平均种子数多的品种，果实脱涩容易；反之，则脱涩较难。

另外，果柄在成熟果不会产生离层，因此不易采收，有些品种的果皮在成熟前出现裂纹，易遭霉病。

## 七、物候期

柿树展叶后约 30 ～ 40 天即可开花，开花期大约 4 ～ 12 天，大多数品种花期 6 天。落花后果实即开始膨大。柿果生长发育期全过程有三个阶段：第一个阶段从坐果至 7 月上旬，果实生长较快，并基本定形，主要为细胞分裂阶段；第二阶段生长较慢；第三阶段即成熟前一个月左右，为细胞膨大和养分转化期。

各地自然条件不同，物候期差别很大。柿的萌芽温度一般在 12℃以上，在南方萌芽早、休眠迟；而寒冷的北方萌芽迟、休眠早；沿海地区属海洋性气候，春季温度回升迟、萌芽也迟；内陆属大陆性气候，春季温度回升快，萌芽早。在同一地区不同品种其物候期也有很大差别，在不同年份同时期温度等条件不同，物候期也不同。

柿树的物候期可分为萌芽期、展叶期、枯顶期、初花期、盛花期、生理落果期、果实着色期、果实成熟期和落叶期等，但以萌芽、开花、果实成熟等为主要物候期。在陕西关中地区，一般 3 月上、中旬萌动，3 月下旬萌发，萌芽期 18 ～ 24 天。4 月上旬展叶，4 月中旬末新梢顶端出现自枯现象，自展叶至枯顶约 9 ～ 15 天。5 月上中旬至 5 月中、下旬开花，花期一般为 6 ～ 9 天。果实成熟期相差较多，自 9 月上旬至 11 月中旬均有，果实生长期 108 ～ 185 天，早、晚熟品种相差 74 天。11 月上、中旬落叶，全年地上部分生长期 231 ～ 252 天（表 3-1）。

表 3-1　我国柿产区主要品种物候期

| 地区 | 品种 | 萌芽期 | 开花期 | 果实成熟期 | 落叶期 |
| --- | --- | --- | --- | --- | --- |
| 广西恭城 | 恭城水柿 | 2月下旬至3月上旬 | 4月中旬 | 11月上旬 | 11月下旬 |
| 浙江杭州 | 方柿 | 3月中、下旬 | 5月中旬 | 10月下旬至11月上旬 | 11月上旬 |
| 河南博爱 | 八月黄 | 3月下旬至4月上旬 | 5月中、下旬 | 10月中旬 | 11月下旬 |
| 河北保定 | 磨盘柿 | 4月上旬 | 5月中、下旬 | 11月上旬 | 11月上、中旬 |
| 山西南部 | 橘蜜柿 | 3月下旬 | 5月上旬 | 10月上旬 | 11月上旬 |
| 甘肃陇东 | 火柿 | 3月下旬至4月上旬 | 5月中旬 | 10月下旬 | —— |
| 湖南祁 | 黄柿 | 2月下旬至3月上旬 | 4月上、中旬 | 10月下旬至11月上旬 | 11月中、下旬 |

（引自赵海珍、张宏潮、胡玉华《柿树栽培与柿果加工》）

## 八、生命周期

果树一生经历萌芽、生长、结实、衰老、死亡的过程，称之为生命周期。柿树在一生中，随着树龄的增长，可以分为幼树期、结果初期、结果盛期和衰老期四个阶段，各阶段的特点如下。

**1. 幼树期**

自嫁接成活至第一次结果。这个时期长短受砧木、年龄及生长状况影响，差异较大。在苗圃嫁接又经移栽约需五六年后才能结果；大砧木坐地苗嫁接三四年后结果；而大树高接地只要二三年便能结果。这阶段的特点：骨干枝生长旺盛，新梢长大粗壮，常能产生二次梢，顶端优势明显，分枝能力强，分枝角度小，树势强健，树冠直立，不开花结果。

**2. 结果初期**

或称结果生长期，即第一次结果至盛果期。这一时期长短与品种和管理水平有关，一般需 4 ～ 20 年即嫁接后 8 ～ 24 年进入盛果期。特点是：树的骨架基本形成，树冠迅速扩大，营养生长逐渐转向生殖生长，随着结果后枝条角度逐渐开张，结果枝粗而长，能连年结果，果形大。

**3. 盛果期**

从开始大量结果至衰老以前。这个时期的长短，取决于环境条件和栽培技术，良好的环境条件和合理的栽培技术能延长盛果期，否则很快衰老。一般为 100 ～ 150 年。特点是：树冠已经形成，树姿开张，大枝弯曲，下部枝条多披散下垂；骨干枝的延长枝与其他新梢已无区别；下部细枝枯死，内膛逐渐光秃，结果部位外移；结果枝较短，出现交替结果和结果枝组更新，后期出现大枝更新现象。

**4. 衰老期**

从植株衰老至全株死亡。特点是：树冠缩小，树形不正，结果量迅速降低，枯枝逐年增多，生长极度衰弱，从枝梢至根颈的隐芽逐级失去萌发力，最后枯死。

这四个时期无明确的界限，也无一定的年限，完全受环境条件和农业技术所支配，可以缩短或延长某个阶段。良好的环境条件和合理的农业技术可缩短幼树期，延长结果期，推迟衰老期，以便在生产上获得更大的经济效益。

## 九、环境要求

环境条件对柿树的生长发育具有很大影响，特别是大气、土壤及灌溉用水等的质量与无公害果品生产的关系极为密切。我国地域辽阔，各地气候差异明显，土壤种类多样，海拔高低不一，地形起伏不平，从而形成了多种多样的环境，对柿树的生长结果也有不同的影响。

### （一）温度

柿树喜温暖气候，但也相当耐寒，在年平均温度 9 ～ 23℃的地区都有栽培。冬季温度在 -16℃的条件下，不致发生冻害，且能耐短时间 -20 ～ -18℃的低温，若时间过长，则有冻死的危险。

当年平均温度低于 9℃时，柿树难以存活，该温度也是柿树生存的极限温度。

柿树一般萌芽时要求温度在 12℃以上，枝叶生长必须在 13℃以上，开花在 18 ～ 22℃。果实发育期要求 22 ～ 26℃，当温度超过 30℃时，皮粗厚而褐斑多，品质下降。果实成熟期对温度的要求较低，以 14 ～ 22℃最适宜。同一品种，不同树势、不同树龄之间对温度的适应性也有差异。壮树抗寒性强，弱树、老树抗寒性差。在 10℃等温线区，新栽幼树容易发生冻害，冬季必须采取防寒措施。

柿原产于我国长江流域，比较喜温，在年平均温度 10 ～ 21.5℃的地区均有栽培，但以年平均温度 13 ～ 19℃的地区栽培最为适宜。在此范围内，夏季不发生日灼，冬季无冻害，花芽形成容易，柿果实品质优良。在年平均温度 19 ～ 21.5℃

的地区，因温度较高，柿树呼吸旺盛，影响糖分积累，果皮粗厚，果肉褐斑多，品质不良，且夏季易发生日灼；在年平均温度10～13℃的地区，虽然也有柿树生产，在正常年份，冬季不会发生冻害，但个别年份仍有冻害发生；年平均温度9～10℃的地区，经常遭受冻害，生育期短，果实发育不良，产量低、品质差，经济效益很低。因此，在我国，年平均温度9℃为柿树生存的临界温度，年平均温度10～21.5℃为柿树的生产界限，年平均温度13～19℃为柿树生产的经济栽培界限（表3-2）。

**表3-2 柿产区全年平均气温**

| 产区 | 年均温（℃） | 产区 | 年均温（℃） |
|---|---|---|---|
| 北京 | 11.8 | 四川会理 | 15.9 |
| 河北石家庄 | 13.2 | 贵州贵阳 | 15.6 |
| 河北邢台 | 11.4 | 云南丘北 | 16.6 |
| 山东益都 | 14.5 | 湖北恩施 | 16.5 |
| 山东历城 | 11.7 | 湖北罗田 | 15.8 |
| 山东菏泽 | 13.1 | 湖南隆回 | 16.7 |
| 河南蒙阳 | 14.2 | 广西阳朔 | 18.8 |
| 河南洛阳 | 14.2 | 广东广州 | 21.9 |
| 河南博爱 | 13.8 | 福建厦门 | 21.8 |
| 山西万荣 | 13.2 | 台湾台北 | 21.7 |
| 山西运城 | 13.5 | 台湾台中 | 22.2 |
| 陕西彬县 | 11.2 | 江西赣州 | 19.2 |
| 陕西眉县 | 12.8 | 浙江杭州 | 16.3 |
| 陕西商县 | 12.9 | 安徽亳州 | 14.7 |
| 甘肃岷县 | 10.5 | 江苏涟水 | 15.4 |

在休眠期，柿树有一定耐寒能力，冬季最低温度降至 -14℃，对柿树影响不大，且能短期忍耐 -14℃的绝对最低温度。因此，在我国河北、山东、河南、山西、陕西等大多数黄河流域地区，柿树仍可大量栽培。冬季绝对低温降至 -15 ～ -20℃以下，时间较长时，枝梢易受冻害，甚至全树冻死。因此，在我国冬季绝对最低温度过低且时期长的地区，不适宜柿树栽培。

柿树对温度条件的要求，因生长发育阶段和品种不同而有差异。柿树萌芽期温度应在 5℃以上，枝、叶生长需在 13℃以上，开花期温度应在 17℃以上，果实发育期的温度以 23 ～ 26℃为宜，成熟期温度应为 12 ～ 19℃。在土壤含水量适宜时，25 cm 深处的地温达 13℃以上时，柿树开始产生新根，随着温度升高，新根数量增多，18 ～ 20℃时最多，当地温下降至 13℃以下时，根系停止生长。不同品种间，甜柿较涩柿对温度的要求更高，甜柿经济栽培要求的温度条件为：年平均温度 13℃以上；≥ 10℃的有效年积温 5 000℃以上；生长期内（4 ～ 11 月）日平均温度 17℃以上，其中 9 月份 21 ～ 23℃，10 月份 16 ～ 18℃。如果 9 ～ 10 月温度过低，果实不能自然脱涩；温度过高，则导致果实着色不良，肉质变粗；冬季温度低于 -15℃可能发生冻害；休眠期对低于 7.2℃的低温要求为 800 ～ 1 000 小时，休眠结束后需积温 550℃才能发芽；根系开始生长温度为 13 ～ 15℃，最佳生长温度为 21 ～ 24℃。

柿树对低温的耐受能力，因树龄、品种和生育时期的不同而有所差异。一般来说，成年树较幼树或幼苗抗寒。因此在有冻害发生地区对幼树或幼苗应加强防冻措施；长期在北方地区栽培的品种，如“磨盘柿”等较长期在南方地区栽培的品种如“恭城水柿”等耐寒；柿的开花期较迟，开花结果一般不会受晚霜为害，但萌芽开始或幼叶期在某些地区会发生冻害。

### （二）光照

柿树是喜光树种，在光照充足的地方，生长发育良好，果实品质优良。在背风向阳处栽植的柿树，树势健壮，树冠圆满均衡，枝条有机养分积累多，易形成花芽，坐果率高，果实品质好且产量高；而在光照不足的山地阴坡栽植的柿树，干高冠小，产量低，品质差。同一树冠因光照条件不同也有一定的差异，向阳面枝条坐果多，阴面坐果少，外围结果多，内膛结果少。柿树花期对光照条件要求尤为严格，光照不足时，落花落果严重。柿树光照条件良好时，柿果皮薄肉嫩，着色好，味甘甜，水分少，品质佳。光照不足时，果皮厚而粗，含糖量少，水分多，着色差，成熟较晚。

柿树为喜光树种，光照时间和光照强度与同化作用有密切关系，对果实品质和产量的影响较大。光照的日变化、年变化及其强度与质量都会影响柿树的生命活动。据河北农业大学测定，大磨盘柿的光补偿点为 15 000 Lx（图 3-13），光饱和点为 65 000 Lx。光照不足，同化积累养分少，新根发生量减少，生育受抑制。

同样，光照对果实品质和着色的影响也较显著。光照充足果实皮薄、肉质松脆、色泽鲜艳、风味甘甜；反之，果皮厚、果肉粗糙、着色差、风味淡。

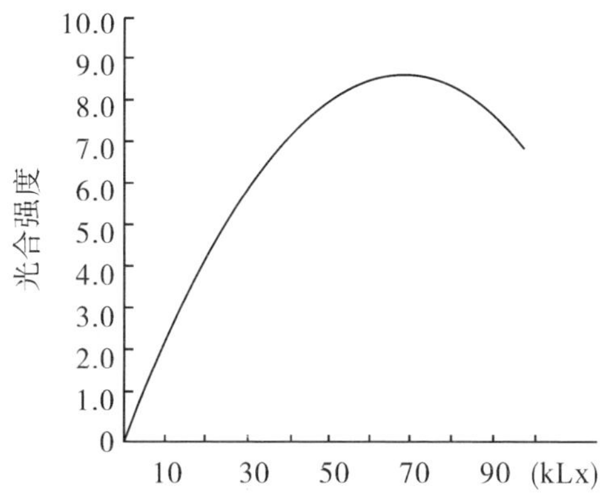


图 3-13 “大磨盘柿”的光合强度——光反应曲线

光照强度因四季、早晚、阴晴等气象条件变化而变化，也随着叶幕厚度而减弱，据对 40 年生的“四烘柿”测定，树冠外围的光强为 71 000 Lx，树梢部为 60 000 Lx，向内 50 cm 处为 30 000 Lx，250 cm 处为 16 000 Lx，350 cm 处为 14 000 Lx。由于树冠外围较内膛光照充足，有机养分容易积累，碳氮比相对较高，因此花芽容易形成，发生的结果枝也较多，坐果率也比较高，并且果实发育良好，风味浓；相反，内膛光照不良，有机养分积累少，碳氮比相对较低，花芽形成不良，结果量少，也容易脱落，而且枝条细弱，容易枯死，造成柿树结果部位逐年外移，放任生长的柿树更是如此。栽植过密时，相邻的树冠密接而郁闭，枝叶互相遮蔽，下部通风透光不良，结果部位仅在树冠顶部。

光照强度对产量影响极大。日照不足，枝条不充实，碳氮比下降，花芽分化不良或中途停止，开花量不多，因此坐果率降低。花期和幼果期阴雨过多，生理落果显著，产量下降。一株树上，南面日照充足，结果比北面多；光照对果实品质有一定影响，光照充足，有机养分积累增加，含糖量高；

相反，光照不足，含糖量显著降低。光不但直接影响了同化作用的进行，也改变了温湿度状况，又间接地影响了柿果的生育。例如报道，十三陵阳坡地的柿树因光照良好，温度较高，果肉细嫩、皮薄，着色早而艳丽，味甜，成熟早，但不耐贮藏；而阴坡地生长伪树，光照不足，温度较低，果肉粗硬，皮厚，着色迟而色暗，味淡，成熟晚，耐贮藏。光照对树体生长也有影响。光照不足，光合作用低，有机养分积累不多，新根产生就少，这样也就影响了无机养分的吸收，从而树势减弱，病虫加剧。光照不足，受直射光照射的时间就更短，直射光中紫外线对枝条生长的抑制作用减少；而漫射光照射的机会相对地增多，漫射光中有较多的红、黄光线，有利于植物的生长。这样在光照不足的地方枝条趋向于细弱徒长，直立向上。所以密植园或山沟中栽植的柿树，树冠多不开张。

## （三）土壤

土壤柿树对土壤的适应性较强，在多种土壤上均能生长，最适宜的土壤为土层深厚（1 m 以上）、保水力强的壤土或黏壤土。对土壤酸碱度的要求不太严格，以中性土壤生长结果最佳，在微酸性和微碱性土壤上也能栽培，但在低洼地和盐碱地带，则很少有柿树的分布。君迁子砧适宜于中性、微碱性土壤。

土壤是柿树生长和结果的基础，是保肥蓄水、涵养气热的场所。土壤和地势直接影响柿树的生长发育，决定柿园的经济效益。所以，土壤的选择与改良，是一项重要的基础。

柿树根系强大，吸收肥水的范围广泛，因此对土壤的要求不严，一般土壤均可栽植。就土壤质地而言，以土层较为深厚、地下水位在 1 m 以下、保水保肥能力较强的壤土或黏壤土最理想。纯沙地土壤瘠薄，保水保肥能力差，易干旱，柿树生长不良；土壤过于黏重，土壤中空气含量少，会抑制根系呼吸，或因持水时间过长而造成烂根。

柿树对土壤的酸碱度的适应范围很广，我国北方多用“君迁子”作为砧木，适于微酸性至微碱性土壤；南方各省多酸性土，多用当地半野生柿作为砧木，能适应酸性土壤。例如，陕西关中柿产地为碱性淡栗色土（pH 8.68）和石灰冲积土（pH 8.38），而浙江嵊市西河柿产地为酸性的红壤（pH 4.5～5.5），前者碱性大，而后者酸性大，柿都能生长而结果良好。

土壤中含氯离子和硫酸根离子较多的盐碱土，对柿树生长不利。当土壤含盐量为 0.01% 时，柿树生长正常，树势旺盛；当土壤含盐量为 0.02% 时，树势衰弱，枝条短、叶片小，小枝常干枯；当土壤含盐量在 0.026% 以上时，柿树生长不良，枝短、叶小，叶片先端焦枯，后期变黄早落，果实小、皮厚，品质差，大枝枯死较多。

柿树对地势的要求也不严，无论在山地、丘陵地、缓坡地、平地、庭院均可栽培。但坡度太陡，往往土层浅薄，保水力弱，而肥力不足，对柿树生长发育不利，故一般利用坡地建柿园时，以坡度在 30° 以下者较为适宜。柿树喜光，因此选择坡地建园时，其方向宜选用阳光充足的坡地。

### （四）水分

柿耐旱力也较强，一般年降水量在 500～700 mm 的地方，不进行灌溉，生长结果良好。雨量过多，易生长过旺，有碍花芽形成。幼果期如果连续降雨，光照不良，易引起病害蔓延和生理落果。过于干旱时，则树势衰弱，果小易落。春季降雨稍多，夏秋气候适当干燥，柿果品质最好。柿树在新梢生长和果实发育期，需要有充足的水分供应，雨水是重要的水分来源。如果雨量充足，对树体生长发育有利，可以不进行灌水。否则，必须根据实际情况及时补充水分，以满足树体生长对水分的需求。夏季久旱不雨或定植不久都要及时灌水。遇干旱无灌溉条件的地方，应及时采取覆盖、中耕除草、刨树盘等技术措施，减少土壤水分的蒸发，增强树势，减少落果。土壤的含水量超过 45% 时，会导致土壤缺氧，抑制好氧性微生物活动，降低土壤肥力，也影响新根的形成和生长，因此在长期积水的地块不宜栽种柿树。

构成柿树的成分中，最多的是水分。果实中水分约占 80% 以上，水分在整个树体的新陈代谢中起着重要的作用。从根部吸收的水分大部分由叶片蒸腾到大气中去，用于合成碳水化合物的只占很少部分。

柿树比较耐旱，一般年降雨量在 500 mm 以上，且分布均匀时，不需灌溉。甜柿对水分的要求比涩柿高，要求年降雨量在 700 ～ 1 200 mm。据陕西果树所测定，在土壤含水率不足 16% 时，新根不能产生，果实停止生长；土壤含水率为 16% ～ 40% 时，均能产生新根，以土壤含水率为 24% ～ 30% 时，发生新根最多。河北农业大学测定结果表明，一般土壤相对含水量为 50% ～ 70% 时，可满足柿树生长发育的需要。

干旱影响柿树新梢生长，花芽分化及果实膨大，造成落花落果和果实“早烘”现象。雨水过多，也会影响柿树的生长发育，花期和幼果期阴雨过多，日照不足，容易引起生理落果，而且花芽分化不良，影响下一年年产量；生长季阴雨过多时，果实色浅味淡；若久旱遇雨，果实易裂易落。

柿树有一定的耐涝能力。据日本小林章等人试验，苗受淹 12 ～ 18 天后新梢才停止生长；但是长期积水，会出现生理萎蔫，叶子变黄脱落，甚至全株死亡。地下水位过高，柿树也生长不良。因此在南方梅雨期及北方雨季需注意排水，而在干旱地区需及时进行灌溉，以利果实生长。

### （五）风的影响

柿树怕风，风对柿树影响很大，微风有利于柿树的光合作用和呼吸作用，但强风往往成为柿树栽培的限制因子。大风能使树冠偏斜、嫩枝折断、叶片破碎、果实脱落或枝条磨损变黑，降低品质。冰雹对柿树极为不利，可使枝条受伤、果实受损、叶片破碎，造成大量落果。枝条受雹伤后，很难愈合，不仅影响当年产量，而且 2 ～ 3 年不易恢复，树势显著衰弱，造成大幅度减产。

# 第四章

# 柿良种苗木繁育及建园技术

目前，柿树生产上一般都采用嫁接繁殖。嫁接后可以保持优良品种的特性，并可提早结果。根据栽培环境，选用适宜的砧木，还能增加柿树对不良土壤和对恶劣环境的适应能力，扩大柿树的栽培范围。

## 一、砧木选择培育

我国原产的柿属植物有 64 个种和变种。其中作为果树栽培的主要是柿；作为砧木利用的主要有柿（本砧）、野柿、油柿、浙江柿及老鸦柿等。

### 1. 君迁子

我国北方栽植较多，西南、华中也有。本种结果多，种子量大，每500 g鲜果约有种子600粒，每500 g种子有3 200粒，采种容易。播种后发芽率高，生长快，幼苗生长健壮，容易达到嫁接粗度，与涩柿的嫁接亲和力强。根系分布较浅，60%左右的吸收根分布在 10 ～ 45 cm 深的土层中。根系发达，侧根和细根数量多，分生能力强，吸收面积广，嫁接苗生长迅速，移栽时容易成活，还苗也快。抗旱耐寒力较强，为我国北方和西南诸省的主要砧木。但耐湿热性较差，在地下水位高的地方，叶子发黄，并出现生理凋萎脱落现象。此外，君迁子与部分甜柿品种（如富有）等的亲和力不强。

**2. 本砧（柿砧）**

果实种子量小，采种比较困难，播种后发芽率稍低。尤其在北方，春季干旱，发芽时吸不到足够的水分发芽更为困难。柿砧的主根发达，分支少，侧根细弱，嫁接后地上部生长稍弱，移栽后不易成活，还苗迟。柿砧不耐寒，但耐旱、耐湿能力较强。与甜柿嫁接亲和力强，是我国江南地区柿树的主要砧木。

**3. 油柿**

种子采集容易，播种后生长良好，与柿树嫁接亲和力稍差。根群分布较浅，细根较多。嫁接后可使柿树矮化，并能提早结果，可行矮密栽培。我国江苏、浙江一带有些地区以此种作砧木。但以此为砧木的柿树寿命较短。

**4. 浙江柿**

本种在浙江山区分布较多，为高大落叶乔木，树势强盛，幼苗生长迅速。有粗大主根，较耐湿，与柿嫁接亲和力强，可以作为砧木利用。

**5. 老鸦柿**

本种多分布于浙江、江苏，为落叶小乔木，浅根性，侧根及细根多，耐旱和耐瘠薄，并适于酸性土壤，可作为柿的矮化砧木。

我国柿产区应用的甜柿砧木主要有“君迁子”、野柿或栽培柿、油柿、浙江柿等。日本甜柿中的“次郎系”品种“西村早生”以及我国的罗田甜柿和“秋焰”等与君迁子砧嫁接亲和力强，但大部分富有系的品种与“君迁子”的亲和性较差。在日本，一般用山柿（一种野柿）或栽培品种西条（涩柿）

的实生苗作为富有系品种的砧木。在韩国，发现老鸦柿作为甜柿砧木有一定的矮化作用。

我国也是甜柿的原产国之一。但甜柿的普及和商品化生产只是近 20 年的事情。在柿的传统产区，绝大多数为涩柿，多用“君迁子”作砧木。但“君迁子”与我国现在正在推广的许多日本甜柿，尤其是“富有系”品种嫁接亲和力较差。而且，我国栽培的涩柿中，无核品种较多。因此，甜柿生产上缺乏适宜的砧木，这也是我国在 20 世纪曾多次引种日本甜柿，而甜柿生产并未取得大的发展的根本原因之一。在浙江，有利用当地的野柿作甜柿砧木的报道。在湖北罗田、麻城一带，野生状态的甜柿类型较多，当地采用这些甜柿类型的实生苗作罗田甜柿的砧木，通过系统的调查、研究和总结，有可能找到适合大多数甜柿品种的广亲和砧木。

## 二、砧木苗的培育

在我国北方，采集充分成熟的果实，置容器中或堆积让其软化，然后搓去果肉，取出种子，去掉种子周围的附着物（发芽抑制物质），洗净后阴干，进行沙藏或干藏。干藏时将阴干种子封入塑料袋内（防止过度干燥），在 2 ～ 3℃下或室温贮藏；沙藏即对种子用湿沙进行层积处理，注意沙内含水量不宜过高，以防种子霉烂。翌年春季 3 月中旬至 4 月上旬当地温达 8 ～ 10℃时即可播种。

播种前 2 ～ 3 天，将干藏种子用冷水或 45℃左右的温水浸种（每天换水 1 ～ 2 次），当种子充分吸水膨胀后，捞出种子，在温暖向阳处混以湿沙或湿锯末，盖上塑料薄膜，进行催芽待1/3种子努嘴露出白芽时播种。沙藏的种子，可直接催芽播种。

选择背风向阳、排水良好、地势平坦、有灌溉条件、土壤肥沃、土层深厚的沙壤土或壤土地块作为苗圃地。播种前施入充分腐熟的有机肥，深耕20～30 cm，搅碎耙平，做畦，灌水沉实。北方干旱，宜低畦；南方多雨，须高畦。播种采用条播，行距30 cm。每公顷用种量37.5～45 kg。播种深度2～3 cm，覆土后把平镇压，并覆盖地膜或封3～5 cm高的土埝。播种期分秋播和春播两种，秋播宜在秋季作物收获后，土壤上冻以前进行。秋播种子易干，出苗率低，在北方宜少用。春播期北方在4月上旬，南方可适当提前。

幼苗出土前，扒除土埝。随幼苗出土逐渐除膜。当幼苗长出2～3片真叶时进行定苗或移栽，每公顷留苗量12万～15万株。当苗高达10 cm以上时开始追肥，全年追肥2～3次。结合追肥进行灌水和中耕除草，并注意及时防治病虫害。苗高30～40 cm时可摘心促其加粗，为了促发侧根，本砧最好在深15 cm处切断主根。

待苗木直径达1 cm以上时，即可进行嫁接。除苗圃育苗外，南方各省也有挖掘野生的柿或用油柿栽植后作砧木进行高接的。

## 三、嫁接苗的培育

### （一）接穗的采集

枝接的接穗，在落叶后到萌芽前都可采集。选择品种纯正、树势健壮、高产、优质、无畸形果及病虫害的成龄树作为采穗母株，采取树冠外围发育充实的一年生发育枝或结果母枝，长 30 cm 左右。然后 20 枝左右 1 捆，封入塑料薄膜袋后，置冰箱的冷藏室（2 ～ 3℃）保存。但应注意接穗与塑料袋密接，并尽量保持冷藏温度的稳定。接穗数量较多时，可保湿沙藏，但必须保证接穗在贮藏期间不干燥、接芽不萌发。如果接穗的切口出现黑色的斑点，则说明其失水过度，使用这样的接穗嫁接成活率较低。

芽接用的接穗，春夏嫁接时，应采集生长粗壮、一年生枝条中下部萌发的饱满芽作接芽，随接随采，不可久贮，必要时可将接穗插在水中，能放 1 ～ 2 天。秋季嫁接所用的接穗，采取当年枝条的腋芽做接芽，接芽须饱满，颜色由绿变褐，剥下后的芽片不应隆起。这时所采接穗也不能久贮。

### （二）嫁接时期

嫁接时期要适宜，于春季砧木开始萌发而接穗尚未萌动时进行（北方一般在 4 月上、中旬），这时嫁接有两个好处，一是气温低，刀削面单宁氧化慢，有利于伤口愈合；二是砧木可从土壤中吸取水分和营养，本身储藏的碳水化合物亦可源源不断地供给接穗生长需要。

### （三）嫁接方法

主要有枝接和芽接两种。芽接采用“工”形芽接、“T”形芽接、嵌芽接等；枝接采用切接、劈接、腹接等。枝接接穗应蜡封。

#### 1.“工”形芽接（图 4–1）

又称方块芽接在砧木光滑部位，间隔 1.5 cm 左右，上下切两道切口，然后在两横切口之间纵切一刀（如果在一边纵切，称单开门；如果在中间纵切，称双开门）。按与砧木切口等长的距离，在接穗叶痕上下各切一刀，芽两侧各纵切一刀成方块形芽片。将切好的方块芽片取下，迅速嵌入砧木切口内。单开门接法是将砧木皮撕去一半，双开门接法是芽在中间，按实后绑缚。

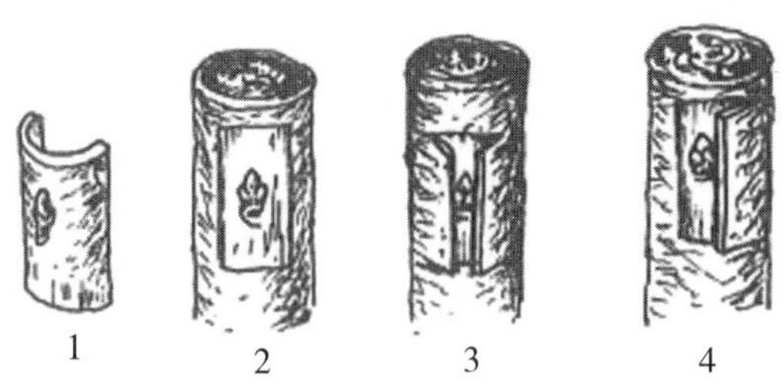


1. 接芽 2. 方块形 3. 双开门 4. 单开门

2. “T”形芽接（图 4-2）

在砧木离根际 5 ～ 6 mm 处，选择茎秆光滑的地方，横切一刀，深度以切断砧木皮层为度，再从横切处中间垂直向下切一刀，长 1.3 ～ 1.5 mm，这样便形成一个“T”形切口。用芽接刀挑开砧皮，待插芽。芽选用当年生充实健壮的枝条做接穗，剪去枝条上的叶片，保留叶柄。左手拿接穗，右手拿芽接刀。在芽的上面 0.3 ～ 0.4 mm 处，用芽接刀横切一刀，深达木质部，再在芽的下方 1 mm 处向上斜削一刀，深达木质

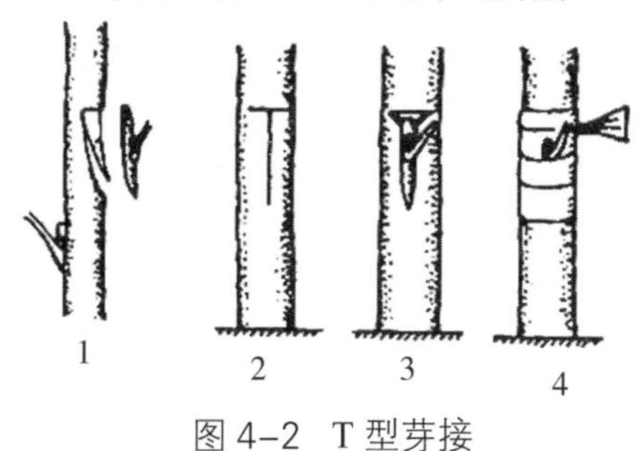


图 4-2　T 型芽接

1. 削取接芽　2. 削砧木接口　3. 嵌入接芽　4. 绑缚

部，削到与芽上面的切口相遇。然后用右手轻轻取下盾形芽片，芽片内稍带一点木质部。挑去芽片内的木质部，保留芽及韧皮部，以输送养分和水分。然后用左手将芽片立即插入砧木，注意芽片上端皮层要紧靠，最后用先前挑开的砧木皮层覆盖接芽。用塑料带从上绑缚，逐渐向下缠，露出芽和叶柄，其他处不要留缝隙，最后打结。绑扎要松紧适度，不要压伤芽片。

**3. 嵌芽接（图 4-3）**

也称带木质芽接，一般适合春季嫁接，生长季节因干旱砧木不离皮时也可采用。在接穗取芽时，先在芽的下方 0.5 cm 左右处向下斜切一刀，而后在芽上方 1.0 cm 左右处从上往下斜入木质部削一刀，两切口相遇时芽片即可以取下。在砧木离地 5 ～ 6 cm 处选择光滑部位，先横斜削一刀，再在其上方 1.5 cm 处由上向下斜入木质部斜削一刀，至下切口处相遇。削面长、宽最好与接穗芽长、宽相等或略大。砧木削面削好后，随即除掉砧木盾片，将接芽盾片嵌入按好，如果砧木较粗则要求一边形成层对齐，然后用塑料薄膜条包扎严紧。

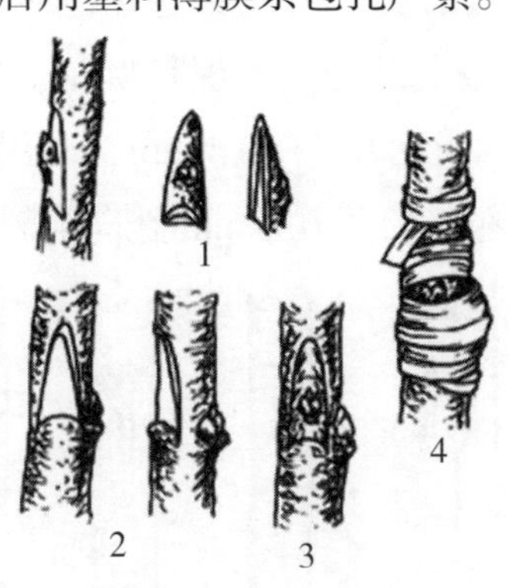


图 4-3 嵌芽接

1. 削取接芽　2. 削砧木接口　3. 嵌入接芽　4. 绑缚

（引自河北农业大学主编《果树栽培学总论》

4. 切接（图 4–4）

切接是春季枝接的一种，选择充实、无病虫危害的 1 年生枝条，接穗留 2 个或 2 个以上的饱满芽。在接穗下端芽的背面 3 cm 左右处用刀斜削一刀，削掉 1/3 的木质部，再在斜面的背面斜削一个短削面，短削面长约 1 cm，使两个削面成一楔形。在砧木离地面 3 ～ 5 cm 处剪除上部，选砧木皮层光滑且纹理直顺的地方把砧木横切面削平，在皮层内略带木质部用刀向下直切，切口深 2.5 cm 左右，较接穗削面略短，宽度最好与接穗切面宽度相等或稍大点。接穗的长斜面向里，短削面靠外，将接穗插入砧木的切口中。使接穗的长斜面两边的形成层和砧木切口两边的形成层对准、靠紧，如果接穗细，则必须保证一边的形成层对准。用塑料条绑缚。

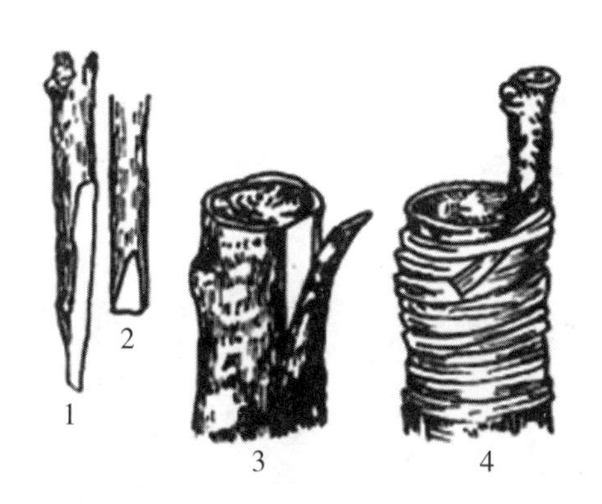


图 4–4　切接

1. 接穗的长削面　2. 接穗的短削面　3. 切开的砧木　4. 绑缚

（引自河北农业大学主编《果树栽培学总论》）

5. 劈接（图 4–5）

又叫割接法，是应用较多的一种枝接法，适合中等粗度砧木。选芽体饱满枝段，在接穗下端芽的左右两侧，削成一个楔形斜面，一般削面长 3 ～ 4 cm；核桃、板栗等特别粗壮的接穗斜面应更长些。削面内侧稍薄些、外侧稍厚些。每个接穗留 2 ～ 4 个芽截取。先锯断砧木，并削平锯口，然后在砧木中间劈一垂直劈口。用螺丝刀等工具将砧木劈口撬开，然后把接穗轻轻插入对准砧木外边的形成层。削面以“留白”0.5 cm 为宜，一般的可以插入 2 个接穗，用塑料薄膜条包缚严密。

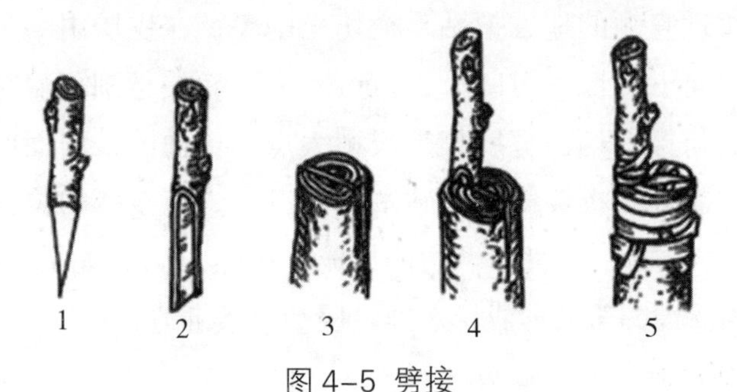


图 4–5 劈接

1. 接穗削面侧视　2. 接穗削面正视　3. 砧穗接合　4. 绑缚

（引自河北农业大学主编《果树栽培学总论》）

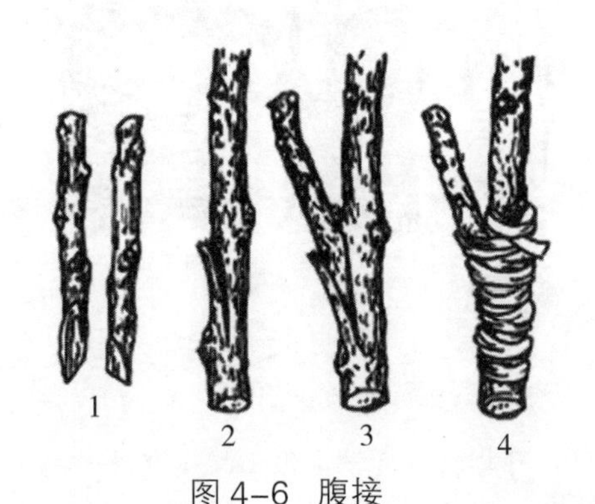


图 4–6 腹接

1. 削接穗　2. 削接口　3. 插入接穗　4. 绑缚

（引自河北农业大学主编《果树栽培学总论》）

6. **腹接**（图 4–6）

腹接又名切腹接。削切接穗的方法与切接相似，只是把接穗大削面削得长一些，约 4 cm，小斜面长 2 cm 左右，呈一面宽一面窄的楔形斜面。然后在砧木离地面 5 ～ 10 cm 处斜切成 30° 角的切口，用手掰开，插入接穗，使一面形成层对准，用塑料薄膜条绑扎严密。

## （四）嫁接苗的管理

1. **检查成活**　嫁接 10 ～ 15 天后即可检查成活情况。芽接一般可以从接芽和叶柄状态来检查，凡接芽新鲜、叶柄一触即落的为成活。

2. **松绑及解绑**　芽接苗接后正处于茎干加粗生长的旺盛期，通常在接后 20 天左右，接口完全愈合，个别植株在接芽部位出现轻度溢缚现象时，说明绑缚物过紧，应及时松绑及解除绑缚物。

3. **补接**　对未成活的应及时进行补接。一般是在检查成活后即进行，过迟砧木不能离皮，嫁接难度大并影响成活。

4. **剪砧**　秋季芽接，以半成苗越冬，在第二年春季接芽萌发前，及时在离接芽片以上 0.5 ～ 0.8 cm 处剪砧，以利于接芽萌发生长。剪砧不宜过早，以免剪口风干和受冻；也不要过晚以免浪费养分。

5. **抹芽除萌蘖**　剪砧后从砧木基部容易发出大量萌蘖，需及时、多次除去，使养分集中供应接芽的生长。对枝接苗，如一个接穗上萌发 2 个以上新梢，通常选留 1 个壮梢，其余全部除去。

6. **立支柱**　当新梢长至 30 cm 时要立支柱，将新梢适度绑缚于支柱上，防止接穗劈裂折断。

**7. 土肥水管理及病虫防治**　5～6月份是嫁接苗快速生长期，应浇水3～5次，结合浇水每次每公顷追施纯氮25 kg。7月份以后控肥控水，防止植株徒长，使苗木充实。苗圃内要经常保持土壤疏松，无杂草。必须及时做好苗期的病虫防治工作。苗高120 cm以上时，可进行摘心，促进加粗生长。

## 四、苗木出圃

苗木以自育自用较好。外地购置苗木时必须注意做好植物检疫和苗木消毒工作，尽量避免伤根和保护须根，注意根部保湿，同时应防止品种混杂。

### （一）起苗

起苗时期以苗木落叶后至土壤封冻前或翌春土壤解冻后至苗木萌芽前出圃为宜，当地栽植可随栽随出圃。挖掘时若土壤过于干燥，应待雨后或适当浇水后、土壤保持湿润状态时进行。起苗时应逐行刨挖，少伤侧根，保留完整根系。起苗后首先剔出嫁接未成活的砧木苗和病苗，再按规格标准进行分级、包装和运输。

### （二）苗木分级

我国现行的柿树嫁接苗分级按照《林业行业标准 LY/T 3188—2020 柿苗木》分级（表4-1）。分级时对苗木进行必要修整，剪除二次枝梢和病虫枝梢，修整残损根系。

表 4-1　柿树嫁接苗质量指标

| 项目 | | 级别 | |
|---|---|---|---|
| | | 一级 | 二级 |
| 品种与砧木纯度 | | ≥ 98% | |
| 根系 | 主根长度 /cm | ≥ 20 | |
| | 有效侧根数量 / 条 | 涩柿≥ 10，甜柿≥ 8 | 涩柿≥ 8，甜柿≥ 5 |
| | 侧根分布 | 均匀、舒展 | |
| 茎干 | 成熟度 | 充分成熟 | |
| | 嫁接口高度 /cm | 10 ～ 30 | 10 ～ 30 |
| | 苗木高度 /cm | 涩柿≥ 130，甜柿≥ 110 | 涩柿≥ 110，甜柿≥ 90 |
| | 苗木粗度 /cm | 涩柿≥ 1.10，甜柿≥ 0.90 | 涩柿≥ 0.90，甜柿≥ 0.70 |
| | 嫁接愈合程度 | 嫁接口愈合良好 | |
| 根皮与枝皮 | | 无新损伤，老损伤口已愈合 | |
| 整形带内饱满芽数 / 个 | | ≥ 5 | |
| 病虫危害情况 | | 无检疫对象 | |

甜柿苗木分级一般根据苗高、茎粗、根系发育状况、芽体饱满情况等分成四级。苗高 120 cm 以上，地径 120 cm 以上；主根长 20 cm 以上，侧根 5 条以上，须根较多，根部无直径 1 cm 以上伤口；芽体充实、饱满；直立、无秋梢，无病虫害的为一级苗。苗高 100 ～ 120 cm，地径 100 cm 以上；主根长 20 cm 以上，侧根 3 条以上，须根较多，根部无直径 2 cm 以上伤口；芽体充实、饱满；直立、无秋梢，无病虫害的为二级苗。苗高 80 ～ 100 cm，地径 80 cm 以上；主根长 20 cm 以上，侧根 1 条以上，须根较少；直立、无秋梢，无病虫害的为三级苗。

在上述标准以外的为等外苗，不得出圃。

### （三）苗木检疫和消毒

苗木检疫是防止病虫害传播的有效措施，对果树新发展地区尤为重要。凡是检疫对象应严格控制，不使其蔓延；挖苗前进行田间检疫，调运苗木要严格检疫手续；包装前，应经国家检疫机关或指定的专业人员检疫，发给检疫证。

带有一般病虫害的苗木应进行消毒，以控制其传播。

**1. 液剂消毒**

用 3 ～ 5 波美度石硫合剂水溶液，或 1 ∶ 1 ∶ 100 波尔多液浸苗木 10 ～ 20 分钟，再用清水冲洗根部。还可用 0.1% 升汞水浸苗木 20 分钟，再用清水冲洗 1 ～ 2 次。用 0.1% ～ 0.2% 硫酸铜液处理 5 分钟后，用清水洗净，此药主要用于休眠期苗木根系的消毒，不宜用作整株消毒。

**2. 熏蒸剂消毒用氰酸气熏蒸消毒**

每 1 000 m 容积用氰酸钾 300 g，硫酸 450 g，水 900 mL，熏蒸 1 小时。熏蒸前关好门窗，先将硫酸倒入水中，然后再将氢钾酸倒入，1 小时后将门窗打开，待氰酸气散发完毕，方能进入室内取苗。少量苗木可用熏蒸箱熏蒸。氰酸气有剧毒，要注意安全。

### （四）苗木假植

苗木掘起后若不能运出或运出后不能及时栽植时，应将苗木暂时假植起来。根据假植时间的长短，可分为临时和长期两种。临时假植是将苗木根部蘸泥浆后成捆埋于土中，假植期为 15 ～ 20 天。长期假植是选择背阴、不易积水的高敞地方假植。假植沟深、宽各 100 cm，南北走向，苗梢向南倾斜放入沟内，随放随埋以湿沙或湿土使根部与土壤密切接触，并充分灌水，依据天气，逐渐将苗木全部埋入湿土或湿沙中。

### （五）苗木的包装和运输

苗木经检疫消毒后，即可包装调运。将掘起的苗木首先按一定数量捆成一捆，一般每捆 50 ～ 100 株。包装调运过程中要防止苗木干枯、腐烂、受冻、擦伤或压伤。苗木运输时间不超过 1 天的，可直接用车辆散装运输，但车底须垫以湿草或苔藓等，苗木根部蘸泥浆，并与湿草分层堆积，上覆湿润物。如果运输时间较长，可用草包、蒲包、草席、稻草等包装，苗木间填以湿润苔藓、锯屑等，或根系蘸泥浆处理，还可用塑料薄膜袋包装。包装好后挂上标签，注明品种、数量、等级以及包装日期等。严寒的冬季运输苗木时，尚需注意防冻。

## 五、无公害柿园建立

### （一）柿园应具备的环境条件

柿树适应性强，对地势和土壤要求不严，不论山地、平地或沙荒地，均能生长。但最好选择土层深厚、肥力中等、pH 6.5 ～ 7.5、排水良好的壤土或沙壤土作为建园地点。在丘陵山地建园，土层厚度应不低于 40 cm，坡度需在 25° 以下，并应作好水土保持工程，如修筑水平梯田或鱼鳞坑等。同时还应避开雹灾易发区、害风顺向的沟谷、冷空气容易滞留的低洼地以及风力较大的山脊。

选择生态条件符合无公害柿果生产要求的产地，是生产无公害柿果的先决条件和基础。所谓环境条件，主要指影响柿生长的空气、灌溉水和土壤等自然条件。无公害柿产地应选择生态条件良好，远离污染源，具有可持续发展能力的生产区域，该区域的大气、土壤和灌溉水等经检测符合有关标准。

园地选择时，还应远离交通要道，如铁路、高速公路、车站、码头、机场及工业“三废”排放点和间接污染源、上风口和上游被污染严重的江河湖泊等，以保证柿果生产的每一个环节不被污染，确保无公害柿果生产的持续发展。

**1. 无公害柿树产地对环境空气的要求**

要求产地及周围不得有大气污染源，特别是上风口不得有污染源，如化工厂、水泥厂、砖瓦窑、石灰窑等，不得将有毒有害气体、烟尘、粉尘排放，应避开交通要道100 m以上。产地大气环境质量应达到《环境空气质量标准》（GB3095—1996）的二级标准要求。产地空气质量条件无公害柿果产地的空气质量包括总悬浮颗粒物、二氧化硫、二氧化氮、氟化物和铅，共5项指标。按标准状态计量，均不得超过（表4–2）中规定的限值。

**表4–2 产地空气质量要求**

| 项目 | 浓度限值 | |
|---|---|---|
| | 日平均 | 1小时平均 |
| 总悬浮颗粒物，（标准状态），（mg/m），≤ | 0.3 | |
| 二氧化硫，（标准状态），（mg/m），≤ | 0.15 | 0.50 |
| 氮氧化物，（标准状态），（mg/m），≤ | 0.12 | 0.24 |
| 氟化物，（标准状态），（mg/m），≤ | 10 | 20 |
| 铅，（标准状态），（μg/m），< | 1.5 | — |

**2. 无公害柿树产地对灌溉水质的要求**

水质污染主要来自城市、工矿区的废水及不合理的使用肥料和农药。水质污染后对柿树直接影响是降低产量和品质，同时也污染土壤，致使果实中有毒物质的积累，造成不能食用。因此，灌溉用水的质量必须符合《绿色食品产地环境技术条件》（NY/T391—2000）中的要求。产地灌溉水质量条件无公害柿果产地的灌溉水包括地表水和地下水，其质量包括水的酸碱度（pH）、氯化物、氰化物、氟化物、总汞、总砷、总铅、总镉、铬及石油类共10项衡量指标。这些指标均不得超过（表4–3）中规定的限值。

**表4–3　产地灌溉水质量要求**

| 项目 | 浓度限值 | 项目 | 浓度限值 |
| --- | --- | --- | --- |
| 氯化物，mg/L | 250 | 总铅，mg/L | 0.1 |
| 氯化物，mg/L | 0.5 | 总镉，mg/L | 0.005 |
| 氟化物，mg/L | 3.0 | 铬（六价），mg/L | 0.1 |
| 总汞，mg/L | 0.001 | 石油类，mg/L | 5 |
| 总砷，mg/L | 0.05 | pH | 5.5～8.5 |

### 3. 无公害柿树产地对土壤环境的要求

应选择未污染的土壤，土壤中的镉、汞、砷、铅、铬和铜6种重金属污染物含量必须符合《绿色食品产地环境技术条件》（NY/T391—2000）的规定。重金属对柿园危害包括对土壤危害、果树危害和果实卫生超标，导致对人体危害。产地土壤环境质量条件无公害柿果产地的土壤环境包括7项指标，即总汞、总砷、总铅、总镉、总铬、六六六和滴滴涕。各种污染物均不得超过（表4–4）中规定的限值。

**表4–4　土壤环境质量要求**

| 项目 | 含量限值（mol/kg） | | |
| --- | --- | --- | --- |
| | pH<6.5 | pH 6.5～7.5 | pH>7.5 |
| 总汞，≤ | 0.09 | 0.15 | 0.3 |
| 总砷，≤ | 27 | 20 | 17 |
| 总铅，≤ | 42 | 50 | 58 |
| 总镉，≤ | 0.1 | 0.1 | 0.2 |
| 总铬，≤ | 150 | 200 | 250 |
| 六六六 | 0.25 | 0.25 | 0.25 |
| 滴滴涕 | 0.25 | 0.25 | 0.25 |

注：除六六六、滴滴涕外，其余各项含量限值适用于阳离子交换量>5厘摩尔/千克的土壤，若交换量≤5厘摩尔/千克，其标准值为表内数字的半数。

## （二）柿园环境质量监测

为确保无公害柿产地环境不受污染，在建园前及定植后的生产过程中，应定期对产地的大气、灌溉水和土壤环境质量进行监测，只有三个方面均符合要求，才能认定为无公害柿果产地。产地的大气、灌溉水和土壤环境质量应按以下标准和方法进行监测。

### 1. 产地空气环境质量的监测环境

空气监测中的采样点、采样环境及采样频率的要求，按农业行业标准《农区环境空气质量监测规范》（NY/T397）执行，见（表4-5）。

**表4-5 环境空气质量监测方法**

| 执行标准号 | 监测内容 | 监测方法 |
| --- | --- | --- |
| GB/T 15432 | 总悬浮颗粒的测定 | 重量法 |
| GB/T15262 | 二氧化硫的测定 | 甲醛吸收—副玫瑰苯胺分光光度法 |
| GB/T15436 | 氮氧化物的测定 | Saltzman 法 |
| GB/T15433 | 氟化物的测定 | 石灰滤纸·氟离子选择电极法 |
| GB/T 15264 | 铅的测定 | 火焰原子吸收分光光度法 |

### 2. 产地灌溉水质量的监测

产地灌溉水的质量，对柿果品质有很大的影响。无论是地表水还是地下水，很容易受到污染，尤其是城市污水和工业废水的污染是主要的污染源。在无公害果品生产中应定期对灌溉水质量进行监测，其方法按农业行业标准《农田水源环境质量监测技术规范》（NY/T396）执行，见（表4-6）。

表 4-6 灌溉水质量监测方法

| 执行标准号 | 监测内容 | 监测方法 |
|---|---|---|
| GB/T11896 | 氯化物的测定 | 硝酸银滴定法 |
| GB/T 7486 | 氯化物的测定 | 总氰化物的测定 |
| GB/T 7482 | 氟化物的测定 | 茜素磺酸锆目视比色法 |
| GB/T7468 | 总汞的测定 | 冷原子吸收分光光度法 |
| GB/T7485 | 总砷的测定 | 二乙基二硫代氨基甲酸银分光光度 |
| GB/T 7475 | 总铅的测定 | 原子吸收分光光度法 |
| GB/T7475 | 总镉的测定 | 原子吸收分光光度法 |
| GB/T7467 | 六价铬的测定 | 二苯碳酰二肼分光光度法 |
| GB/T 16488 | 石油类的测定 | 红外光度法 |
| GB/T 6920 | pH 的测定 | 玻璃电极法 |

### 3. 产地土壤环境质量的监测

土壤环境质量的监测按农业行业标准《农田土壤环境质量监测技术规范》（NY/T395）执行，见（表 4–7）。

表 4-7 土壤环境质量监测方法

| 执行标准号 | 监测内容 | 监测方法 |
|---|---|---|
| GB/T 17136 | 总汞的测定 | 冷原子吸收分光光度法 |
| GB/T 17134 | 总砷的测定 | 二乙基二硫代氨基甲酸银分光光度法 |
| GB/T17141 | 总铅的测定 | 石墨炉原子吸收分光光度法 |
| GB/T17141 | 总镉的测定 | 石墨炉原子吸收分光光度法 |
| GB/T 17137 | 总铬的测定 | 火焰原子吸收分光光度法 |
| GB/T14550 | 六六六的测定 | 气相色谱法 |
| GB/T 14550 | 滴滴涕的测定 | 气相色谱法 |

## （三）柿园的规划施工

### 1. 园地踏查

在建园设计规划前，首先应进行地形勘察和土壤调查，掌握地形、地势、土壤质地、肥力状况和植被分布，以及气候等自然条件资料和特点。勘察后绘出草图（作为基地建设，应绘制不小于千分之一的土地利用现状图、地形图、土壤分布图、土层深度图及水利图），标明未来果园的地界、面积、形状、河流、村落、道路、房屋、池塘、耕地、荒地以及植被生长情况。必要时，还应进行土壤调查，了解地块的土层结构及肥力分布状况，了解水资源状况、水量、水质、地下水位及地表径流趋向。对该地的农业经济状况也应了解，如人口、人均耕地面积、粮食生产、人均收入等。做到心中有数，以便合理确定柿园的设计方案。

**2. 柿园规划**

柿园规划主要有栽植区的划分，道路、沟渠、林带的配置，树种及品种的选择，株行距的确定，水土保持工程与建筑物的安排及栽植技术等。

（1）小区的划分栽植小区是果园的基本作业单位。其面积、形状和方位应与当地的地形、土壤、气候特点相适应，结合路、沟、林的设计，以便于耕作和经营管理。

①小区面积平地果园，土壤等条件较一致，相同树种的小区面积可以相等。山地和丘陵地果园，栽植小区的面积可按集流面积、地块大小、排灌系统等条件划分。一般为 1 ～ 3.3 $hm^2$。

②形状以长方形为宜，可以提高耕作效率。小区的长边应与当地主害风向垂直，平地果园一般为东西向；在山地丘陵果园，长边应与等高线平行，并同等高线弯度相适应，不跨越分水岭或沟谷，以减少水土冲刷和有利于耕作。

（2）排灌系统

①排水系统排水的作用在于减少土壤中过多的水分。我国北中部，在 6 ～ 8 月为雨季，降雨量达全年雨量的一半以上，

如不及时排除积水，果树就会有淹死的可能。

A. 明沟排水。是大多数果园采用的排水方式。挖沟时既要注意水的自然流向，又要考虑到果园的整体规划和机械作业。较深的排水沟不仅可排除地面径流，而且可兼控土壤中过多的水分。排水系统由果园小区的小沟（或称作集水沟）与支沟、干沟相通。山地果园的排水系统是由集水的等高沟和总排水沟组成。在梯田果园内，集水沟修在梯田内沿，又称为背沟，比降与梯田一致。总排水沟在集水线上，方向与等高线相交。

为保证排水畅通，应注意：排水沟应具有 0.3% ～ 0.5% 的比降；干沟的距离应尽量缩短，并与园外的大排水渠相通；集水沟与支沟、支沟与干沟之间连接处应有一定的弯曲度；要经常进行疏通，以免淤塞。

B. 暗沟排水。在地下埋设管道或其他材料（石砾、竹筒、秸秆等），构成排水系统。此法不占地面，不影响耕作，但造价较高。

②灌溉系统可以分为明沟灌溉、渗灌、喷灌和滴灌等。

A. 明沟灌溉。平原地区可利用井、渠灌溉。而山区和丘陵区则利用山谷修建水库，引水上山，进行灌溉。明沟灌溉一般设干、支、斗、农渠。干渠：作用是将水引到园边，其规格由流量确定。一般顺果园长边设置，坡降为 1/3000 ～ 1/5000。支渠：将干渠中的水引入园内，一般沿栽植区短边设置，坡降为 1/1000 ～ 1/3000。斗渠：是田间配水沟，把水引向各栽植小区间，一般在路的两侧，坡降为 1/5000 ～ 1/2000。农渠：为直接进行果树灌溉的沟，密度与果树行数相等。

B. 渗灌。为地下灌溉，利用埋设在地下的多孔管道，将水引入田间，借毛细管作用湿润果树根层土壤的一种灌溉方法。它的优点是保持表土疏松，减少蒸发，节约渠道占地，便于耕作，灌水与其他农事操作可同时进行。不足之处是造价高，检修难，在透水性好的土壤中，渗漏损失大。

C. 喷灌。用喷洒方式对果树进行灌溉。利用动力和水泵，从水源取水加压，或者利用水的落差，使水通过管道系统，通过喷头散射至空中成雨滴状降落田间。与地面灌溉比较，喷灌具有省水、省地、不破坏土壤结构、不受地形限制、节省劳力等优点。但达到 3 ～ 4 级以上的风时就会喷洒不匀。喷灌的造价也较高。

D. 滴灌。利用一套低压管道系统，以及分布在果园地面或埋入土内的滴头，将水一滴一滴地浸润果树根系范围土壤内。滴灌系统由首部枢纽（水泵、过滤器、肥料罐等）、管道系统（干、支、毛管）和滴头组成。水源通过加压、过滤，还可以掺入易溶于水的肥料或农药，经过系统进入田间。滴灌的优点是省水、省肥、土壤空气状况好，避免了土壤冲刷。缺点是造价较高，滴头易堵塞。

（3）道路设置为便于运输，果园应有道路系统。果园应设置大路、中路和小路。小路要求能过小型拖拉机，一般宽 2 ～ 3 m。山地果园的小路须与等高线平行，地块较小的山地丘陵地果园，可利用背沟或梯田埂作人行道，不专设小路。中路连接大路和小路，宽 4 ～ 6 m，能通汽车，是小区或大区（若干个小区组成）的分界线。大路宽 6 ～ 8 m，能保证两辆汽车对开或会车。大路与园外的公路相通。

山地或丘陵地果园的大路、中路应选设在坡度小于 7° 的地方。一般为顺坡设置，修成盘山道或“之”形道。横向的大路按0.3%～0.5%的比降修筑。中路应尽量连通各等高行，可选在栽植小区的边缘和山坡两侧。

（4）防护林的营造

①防护林的作用。A. 减低风速，防风固沙；B. 调节气候，增加湿度；C. 减轻冻害，提高坐果率；D. 降低水位，防止冲刷；E. 提供肥源、蜜源、编条，增加收入。

②防护林的类型及效益林带的结构可以分为三类，即：A. 紧密型林带。由乔木、亚乔木和灌木组成。水土保持较好，透风能力差，风速3～4 m/s的气流很少透过，透风系数小于0.3。背风面林缘风速极小，在离开背风林缘后迅速增大。昼夜温度变化较大，在林缘附近易形成高大的雪堆或沙堆。B. 稀疏型林带。断面较稀疏，由乔木和灌木组成，风速3～4 m/s的气流可以部分通过林带，方向不改变，透风系数为0.3～0.5。背风面风速最小区出现在林高的3～5倍处。C. 透风型林带。一般由乔木构成，林带下部（高1.5～2 m处）有很大空隙透风，透风系数为0.5～0.7。背风面最小风速区为林高的5～10倍处。

一般认为果园的防护林以建造稀疏型或透风型为好。在平地防护林可使树高20～25倍的距离内的风速降低一半。在山谷、坡地上部设紧密型林带，而坡下部设透风或稀疏林带，可及时排除冷空气，防止霜冻为害。

③防护林树种的选择

A. 树种选择要求。速生、高大、发芽早、枝叶繁茂，防风效果好；适应性强，与果树无共同的病虫害；根蘖少，不串根，与果树争夺养分的矛盾小；具有一定的经济价值；能美化环境。

B. 可选用的防护林树种。乔木：杨、柳、榆、刺槐、侧柏、黑松、椿、泡桐、黑枣等；灌木：紫穗槐、杞柳、怪柳、花椒、构橘、白蜡等。

④防护林的营造柿园防护林可分为主林带、副林带和临时折风林带三种。当有地区性主干林带的情况下，果园防护林的行数与宽度可适当减少；在风沙大或风口处林带的宽度和行数应适当增加。主林带由 5 ～ 7 行组成，宽 10 ～ 14 m，其走向与当地主害风方向或常年大风方向垂直。两条主林带间距为 300 ～ 400 m。副林带与主林带相垂直，间距为 500 ～ 800 m，风沙大的地方可减缩为 300 ～ 500 m。副林带由 3 ～ 4 行组成，宽度为 6 ～ 8 m。

（5）建筑物安排果园建筑物是辅助果树生产的有关设施。包括管理用房、果品存放库、机车库、农具库、农药库、包装场、晒场、机井房、配药池、积肥场等。平地果园的果品包装场和配药池应设在交通方便之处，尽可能设在果园中心。山地果园的包装场、储存库应设在较低处。

配药池可与园内机井相结合，每 6.6 ～ 13.4 $hm^2$ 设一个点。包装场的规模，可根据果园面积和产量的多少，以及日采收、外运量确定。分级包装场必须保证车辆进出和装载方便。

**3. 改土整地**

合理整地，有利于蓄水保摘和培肥地力，对提高幼苗成活率、促进幼苗生长及实现柿园早果、丰产都具有重要作用，丘陵、山区建园，提前整地尤为重要。

（1）整地时间

坡地和平地建园一般在栽植前 1 ～ 2 个季节进行，以利于土壤熟化；四旁零星栽植可随整随栽。

（2）整地方法

坡地一般采用带状整地，带宽 1.5 m，带外侧稍高，带内深翻，拣去石块、草（树）根，带上挖穴，穴间距 3 ～ 4 m，穴内表土与底土分开放置，穴的规格为 60 cm × 60 cm × 50 cm。平地整地可按带状整地，带宽 1.5 m 左右，深翻 30 cm 以上，在带内按设计密度挖穴，穴内表土与底土分开放置，穴的规格为 60 cm × 60 cm × 50 cm；也可采用全园整地，深翻 30 cm 以上，按株行距挖栽植穴，穴内表土与底土分开放置，穴的规格 60 cm × 60 cm × 50 cm。四旁零星栽植，穴的规格为 60 cm × 60 cm × 50 cm。

对于沙荒和土质疏松的果园，应采取多施有机肥、种植绿肥或实行生草土壤管理制度，而山地、丘陵地果园可以修筑梯田、等高撩壕，能起到"护坡截流"的作用。在坡度陡、土层薄的地方，可修鱼鳞坑植树，实现水土保持。

①梯田。可使坡地变为台田，减少坡面水土流失，加厚土层，便于栽培管理。梯田一般等高筑成，梯田面的宽度由坡度和果树种类等因素决定。坡陡、土层薄时，梯田面窄，可种植小株果树；坡度小、梯田而宜宽，可栽植较大的果树。梯田壁可分石壁和土壁两种，石壁较土壁牢固，石壁可修成直壁式，能增大梯田面的利用率，而土壁应筑成斜壁式，可以加大果树根系的活动范围。②撩壕。在山坡上沿等高线挖横向的沟，沟深 20 ～ 30 cm，在沟的下沿堆土成垄，即成为"撩沟"。沟底必须基本保持水平，比降为 0.3%，两端与排水系统相连接。壕的密度，一般等于树的行距，果树栽在壕的外坡，这里的土层较厚，水分、空气适当，又不易积水和冲刷，且果树的根系可以加固土壕。每年春季修理一次，随着树龄增加而逐年完成。壕间可种草或紫穗槐等小灌木，既能保水保土，又能增加肥源。③鱼鳞坑。适用于地形变化复杂，或

在较陡的坡上栽植果树。一般在年前刨好鱼鳞坑，坑直径 50 ～ 100 cm，施入底肥并以表土填满坑，坑下方用石块或土作一埂。经过雨雪，吸水下沉熟化土壤，第二年春天再栽树，易于发根成活。

**4. 合理密植**

为了提高产量，增加收益，生产上常采用密植，但密植不是越密越好，栽植过密，通风透光不良，枝条交叉重叠，病虫害发生严重，果个小，产量低，会适得其反，因而要科学合理密植。目前生产上采用的主要有 3 m×4 m、4 m×5 m、2 m×5 m 几种密度形式。下面分别对这几种密度形式从树形、管理、产量等方面进行对比评说。

柿子规模化种植初期，柿农多采用 3 m×4 m 的密度，这种密度成形快，结果早，前期产量高、效益好，但树龄到达 10 年左右的盛果期后枝条交叉、光照不良现象比较明显，不便管理，开始影响产量及柿果品质。柿园密度 4 m×5 m，盛果期通风透光良好，产量较高，优质果多，树体结构较合理，便于管理。但前期产量较低、效益较差。柿园密度 2 m×5 m，前期光照较好，产量较高，效益较好，但进入盛果期后因株间枝条密度较大，枝条交叉现象严重，管理上应进行株间枝条回缩、间伐，使密度变为 4 m×5 m，实行动态密度管理。

**5. 成品苗建园**

成品苗建园具有成形快、结果早、便于管理、收益早等优点。

（1）苗木选择与准备

成品苗木应生长健壮、无病虫害，特别是无柿炭疽病危害。根系应完整发达，有较粗主、侧根 3 ～ 4 个，分布均匀，须根较多，苗干粗壮，芽体饱满。必须采用一、二级良种壮苗，同一地块，一、二级苗木应分开栽植。

柿树苗木应随起随栽植。起苗后，分级打捆（每 50 株 1 捆或 20 株 1 捆），捆后立即蘸泥浆，并用塑料袋包裹根系，装车后用篷布遮盖运往栽植地。当天栽不完的苗木，假植于背阴处，并洒水保湿，以防苗木失水。栽植前舒展侧根，剪除烂根及过长根。

（2）栽植

①栽植时间。柿树苗栽植分秋季栽植和春季栽植。秋季栽植宜在苗木落叶后、土壤封冻前的 10 ～ 11 月进行，春季栽植应在土壤解冻后，即 2 月中下旬至 3 月底进行。②栽植密度。确定栽植密度应以最大限度利用土地和空间为原则。不同地形、不同树形应采用不同的密度。一般沟坡地建园应适当密些，可采用 3 m×4 m、2.5 m×5 m 左右；平原肥水条件好的地方可适当稀些，采用 4 m×5 m、5 m×6 m。为提高前期效益，也可采用动态密度管理技术，即初植密度为 2 m×5 m、2.5 m×6 m，当树龄达到 10 ～ 12 年时，根据树体生长情况间伐，密度变为 4 m×5 m、5 m×6 m。不同土壤条件、修剪方式和栽培模式，采用不同的栽植密度。

（3）栽植方法

栽植前每穴施农家肥 15 ～ 20 kg 或精制有机肥 2 ～ 3 kg，有机肥与表土拌匀，回填于栽植穴的中、下部。栽植时，将柿苗放入穴内，使根系自然伸展，然后分层覆土，分层踏实，嫁接苗覆土高度不能高出嫁接口位置。

（4）栽植注意事项

①对极度缺水田块，挖穴后至栽植前每穴先浇水 30 kg 左

右，待水完全下渗后，再行栽植。②栽植深度以保持比原土痕深 10 ～ 15 cm 为宜。低海拔易染柿炭疽病的田块，宜稍深一点，可比原土痕深 20 cm 左右，防止幼苗生长过快，提高幼苗的木质化程度，降低柿炭疽病的发病率。③柿树栽植后一定要及时浇足定根水，待水下渗后，及时树盘覆土或覆膜，防止水分蒸发。若气候干旱，可在定植后 30 天左右，浇第二次水，以确保苗木成活。④栽后及时对新栽苗进行定干，减少苗木失水。成品苗木定干高度 1 m 左右（依据苗木高度、立地条件、管理水平等因素灵活运用）。

（5）栽后管理

①查苗：栽植后要及时检查苗木成活情况，对已枯死苗木应及时补植，以保全苗。②中耕除草：栽后应及时中耕除草，松土保摘，提高苗木成活率，降低近地面空气湿度，减少柿炭疽病的发生。③及时防治病虫害，特别是防治柿炭疽病：若幼苗发生柿炭疽病应及时剪除病枝，带出柿园烧毁或深埋，并在雨前、雨后喷甲基硫菌灵、二氰蒽醌、代森锌、咪鲜胺等杀菌剂。

**6. 砧木苗建园**

利用砧木苗建园，成活率高，可以适当提高嫁接高度，降低幼园柿炭疽病的发生率，特别是可有效防止柿树基干染病，造成柿树整株死亡。

（1）砧木苗选择与准备

砧木苗建园首先要选择优良砧木。“君迁子”砧木根系强大、生长快，较耐干旱、瘠薄，特别是抗柿炭疽病，且与品种柿嫁接亲和力强、嫁接后生长良好。目前在西北和华北地区通常采用软枣树（君迁子）作砧木，在南方多采用油柿、野生柿、老鸦柿作砧木，来嫁接柿子树，主要原因是取材方便。优点与软枣树基本相同。

用于建园的砧木苗应生长健壮、无病虫害、根系发达、生长均匀，苗木也应随起随栽。起苗后苗木处理、栽植时间、栽植密度、栽植方法同成品苗木栽植，栽植注意事项，除“君迁子”苗定干高度为 30 ～ 40 cm 外，其他参照成品苗栽植注意事项。

## 六、嫁接

（1）接穗的采集及保存

选择品种纯正、生长健壮、无病虫害的母树，在休眠期或结合冬剪适时做好接穗采集工作。所选接穗最好为树冠外围 1 年生生长健壮、木质化程度高、长度在 30 ～ 50 cm 的枝条，采集后及时以 50 或 100 根为 1 捆打捆，然后沙藏于背阴处或地窖内。保存期间要及时观察保存环境的温度及湿度，严防失水，且要控制好温度及湿度，严防接穗提前萌发。

（2）嫁接时间

柿子树嫁接的时间很重要，能决定成活的概率，选在春季最合适，也就是 3 月下旬到 4 月下旬的时候，气温比较稳定，能利于生根。最合适的时间是在 4 月中旬左右，正好枝芽开始萌发，但是叶片还没有长出，嫁接成活率最高。时间过早，气温比较寒冷，对于生长不利；时间过晚，生长期正好碰到夏季炎热时期，成活率下降。除了春季之外，还可以选在夏季和秋季。

（3）嫁接高度

柿嫁接高度一般为 60 ～ 100 cm，旱地及海拔较高田块嫁接高度可适当放低，水肥条件好的田块可适当提高嫁接高度，但一般不宜超过 100 cm。

（4）嫁接方法

柿子常见嫁接方法有两种，一是带木质芽接，适合于砧木直径小于 2 cm 的苗木；二是枝接，对砧木直径超过 2 cm 的，最好采用枝接（插皮接或劈接）。对于采用枝接的苗木，一般每株最少嫁接 2 个接穗，对于砧木直径更大的苗木可适当增加接穗数量。

## 七、接后管理

（1）及时除萌抹芽，嫁接后，每 10 ～ 15 天抹芽 1 次，连续抹 3 ～ 4 次。

（2）当品种新梢长到 20 cm 时，及时立扶杆，防止品种新梢被风吹断。

（3）做好黑蚱蟆及柿炭疽病的防治工作。从 5 月中旬开始每 20 天左右在嫁接口处喷涂 20% 的稻丰散 300 倍液 +2.5% 高效氯氰菊酯 600 倍液 +1.8% 阿维菌素 1 000 倍液 + 有机硅 1 000 ～ 2 000 倍液等药剂 3 ～ 4 次；根据降雨情况，每次雨前、雨后交替喷 0.5 波美度的石硫合剂或二氰蒽醌、甲基硫菌灵、代森锌等药剂。

利用 2 ～ 5 年生君迁子大苗建园，不仅可以提高嫁接高度，大大减少柿炭疽病的发生，而且成形快，结果早，前期产量高、收益早。

“君迁子”大苗建园应注意下面几点：①苗木生长健壮，无病害。②苗木随挖随栽，并应带土球，土球大小应根据苗木大小而定，土球直径一般在 30 ～ 50 cm。③栽植应挖长、宽、深均为 60 ～ 100 cm 的坑，栽植前每穴施农家肥 20 ～ 30 kg 或精制有机肥 3 ～ 4 kg，有机肥与表土混匀，回填于栽植穴的中、下部，表土填在上部，分层踏实。2 ～ 3 年生君迁子苗栽后应于第二年（秋栽）或当年（春栽）4 月中下旬进行带木质芽接；4 ～ 5 年生“君迁子”苗木栽后于第二年（秋栽）或当年（春栽）4 月中下旬进行皮下枝接或劈接。嫁接后，根据生长情况及时立防风扶杆，以防风折；加强叶面喷肥，待品种枝条长出 4 ～ 5 片叶时，每月进行叶面喷肥 2 次，8 月前主要喷 0.3% 的尿素 +0.3% ～ 0.5% 的磷酸二氢钾，8 ～ 9 月主要喷 0.3% ～ 0.5% 的磷酸二氢钾；栽后及时中耕除草，松土保墒，提高苗木成活率；及时防治病虫害。

# 第五章

# 优质高效栽培管理技术

## 一、土、肥、水管理

### （一）土壤管理

土壤管理是柿树优质丰产的基础，可改善土壤结构，减少水土流失，增厚土层，改良土壤理化性状，提高土壤肥力，为柿树根系生长创造良好的条件。柿园土壤改良的目标是力求使土壤形成团粒结构，含有较大的空隙度，并使土壤肥力和水分状态达到柿树的正常生长发育所要求的程度。为此，生产上通常采取深翻改土、增施有机肥、间作绿肥、挑培客土、中耕除草、覆盖一系列措施。

**1. 深翻改土**

深翻能熟化土壤，改善土壤的通透性，加速土壤有机质的分解，从而促进根系的生长发育。

除建园时宜挖掘定植穴（沟）外，随着树冠的扩大，从定植后第二年开始，每年冬季落叶后至萌芽前进行 1 次深翻扩穴改土。在树的一侧沿定植穴向外挖宽 60 cm、长 120 cm 长方形沟，深翻的深度根据土质情况而定。对土壤瘠薄、质地坚硬的山地柿园，深度应在 80 cm 以上。海涂柿园，深翻的深度应浅，一般 20 ～ 40 cm。结合施肥将熟土回填入沟，以后每年沿上一年扩穴沟的外缘再向外挖掘扩展。一般要求在树冠封行前（4 年内）完成全园深翻扩穴。丘陵山地柿园，土壤砾石较多，必须换土改良，增加土壤有机质。深翻扩穴应与施用有机肥相结合，以达到改土和促根的双重目的。

**2. 土壤管理**

春季松土能明显提高土壤温度，有利根系提早活动。夏、秋季干旱季节松土，切断了土壤毛细管，可有效减少土壤水分蒸发。除草既可减轻杂草与柿树争夺养分和水分，又可清除病虫的潜伏场所。此外，夏秋高温干旱季节除草覆盖，还可保持土壤湿润，降低土壤温度。

柿园通常在早春土壤化冻后，及时松土，增温保摘。在 5 ～ 6 月和 7 ～ 8 月，分两次进行中耕除草，深度 3 ～ 5 cm。甜柿园亦可采用化学除草，一般选用 10% 草甘膦，每公顷 15 ～ 22.5 kg 加水 750 ～ 1 500 kg（0.2% 洗衣粉作表面活性剂），对杂草叶面进行喷雾。通常对于未生草的柿园，可以结合生长季中耕除草，在树盘内扣压草皮土或压草。成龄柿园全园或树盘内可覆压切碎的秸秆、杂草，上面稍许覆土。

**3. 合理间作**

幼龄柿树的株行间均有较大的空地。为了提高土地使用效益，在不影响柿树正常生长发育的前提下，可以进行柿园间作。但间作一般应该注意：①间作物仅限于幼年柿树行间或空缺的隙地，且应留出树盘，间作物至少距树干 80 cm，在柿树树冠基本封行以后不再间作；②无灌溉条件的柿园，应选择生长期不在干旱季节的间作物；③在柿树株间和树盘范围内，应保持清耕或除草免耕状态；④按照柿树和间作物本身的要求，分别加强各自的管理，防止或减少间作物与柿树争夺肥水。此外，间作物植株应矮小，应不影响柿园的光照条件。生长期应短，且需肥、需水高峰期应与果树错开，与柿树无共同的病虫害，最好有培肥土壤的作用。一般间作矮秆需肥水少的农作物，如花生、豆类、甘薯、药材等，也可间作绿肥，山地丘陵柿园梯田外沿种绿肥，切忌种植秋季需水量较大的农作物。

**4. 挑培客土**

实行清耕的柿园，地表径流会导致一定程度的水土流失。因此，每年冬季需客土加厚土层。挑培客土通常在冬季进行，用肥沃的河泥、塘泥或田泥，每株 100 kg，待土壤风化后再敲碎铲平。但切忌使客土埋没嫁接口。

**5. 深翻扩盘**

对于山坡、丘陵和旱地柿园，于每年 8 月中旬至 10 月中旬进行扩盘。即在树盘外距树干 1.5 m 处开挖宽 50 cm、深 40 cm 的环形沟。台田捻边，可挖成半环形沟，深 40 cm 左右，宽度不限，以后随着树冠的扩大，逐年向外扩展。挖沟时，将表土与底土分开放置，回填时结合施肥，将表土掺和杂草、秸秆、农家肥等混匀后放在下层，底土放在上层。平缓地柿园可在行间开条沟，条沟距树干的距离根据树冠大小而定，幼园树冠较小，可在距树干 1 m 左右处开沟，树龄大且树冠也较大时，可距树干再远一些，以不伤及粗根为宜，沟深 40 cm，逐年翻通行间。

**6. 深翻**

每年入冬前和开春后对柿园行间进行深翻，有利于消灭越冬害虫，促进土壤熟化，保持土壤水分。有条件的地方，可以对柿园施行地面覆草，提高土壤有机质含量和保水性能。

**7. 中耕除草**

生长季节（特别春秋两季）对柿树及时进行中耕，可以破除地表板结，切断地表毛细管，减少土壤水分蒸发，改善土壤透气性，促进肥料分解。同时清除杂草，节省养分、水分消耗，降低柿园空气湿度，减少病虫害，尤其在雨后、灌水后和干旱季节，效果尤为明显。中耕全年一般进行 3 ～ 4 次，中耕深度 10 ～ 15 cm。对山坡、丘陵地的柿园，保持水土尤为重要，应结合中耕修整梯田、树盘，防止水土流失。

**8. 柿园覆盖**

柿园覆盖常用地布或秸秆覆盖。地布覆盖可以保墒提温、抑制杂草生长，最适宜于水肥一体化柿园，覆盖宽度一般为 1 ～ 1.5 m；秸秆覆盖除可以保墒提温、抑制杂草生长外，还能提高土壤有机质含量，覆盖的宽度同地布覆盖宽度，有条件的柿园也可以进行全园覆盖，秸秆腐烂后及时结合深翻土壤埋入地下。

**9. 柿园间作**

初建幼园（1 ～ 2 年）可适当间作，以充分利用土地和光能资源，增加收益。栽植后第一年在留宽 1.5 m 以上营养带的前提下，可适当种植低秆作物，如豆类、蔬菜、药材等，不宜间作甘薯、棉花、苜蓿、玉米等作物。第二年营养带要增加到 2 m 宽，保证树体的正常生长。间作时要注意轮作倒茬，避免连作带来的营养缺素症、病虫害加剧和根系有毒分泌物大量积累等。第三年根据树冠生长情况酌情选择间作物。

## （二）科学施肥

营养是果树生长与结果的物质基础。通过施肥可以供给果树生长发育所必需的营养物质，并不断改善土壤的理化性状，为果树生长发育提供良好的条件。科学施肥是实现果树高产、稳产、优质、低耗、高效和减少环境污染极其重要的环节。

**1. 柿树营养特点**

柿树一般生命周期较长，在其一生中明显经历着营养生长、结果、衰老和更新的不同阶段，在不同阶段中有其不同的生理特点和营养需求，因此要考虑在不同阶段满足其生长发育对营养的要求。柿树根细胞的渗透压较低，肥料的施用以少量多次为宜。每次施用浓度应在 10 mg/L 以下。

柿树对磷的需要量较小，而对钾的需要量较大。有研究表明，无磷区与施磷区柿树生长发育的差异并不显著。磷肥施用过多反而抑制生长。柿果膨大时需钾量较大，7 月以后柿树对钾的吸收比氮和磷显著得多，尤以果实近成熟时为甚，“富有柿”果实成熟时树体内氮、磷、钾的比例为 10 ∶ 2.4 ∶ 18.5。因此在生长后期应注意增施钾肥。柿树缺钾时，果实偏小，产量下降。但钾肥过量时，往往导致果皮粗糙、肉质粗硬，品质下降。

柿树属深根性果树，对肥效的反应较迟钝，施肥以后 1 ～ 2 个月甚至更长时间才能在叶片颜色和大小、枝条生长、果实发育等方面有明显的反应。

幼龄柿树的根系分布范围小而浅，吸收能力较弱，同时因树体较小，挂果量小，因而消耗营养也较少。因此，应采取勤施薄施的方式。成年柿树的营养，不仅要满足当年生长和结果的需要，还要为次年春季的新梢生长、花芽发育、坐果和果实细胞分裂提供充足的贮备。

**2. 施肥种类和时期**

（1）基肥

基肥是供给柿树生长、发育的基本肥料。施基肥要突出一个“早”字，保证一个“足”字，即深施有机肥宜早不宜晚，一般在 8 月中旬至 9 月底施入较好。若秋季未施入基肥，可在翌年早春施入，越早越好，一般在土壤解冻后即可施基肥。基肥以厩肥、圈肥、鸡粪肥等有机肥为主，并注意氮、磷、钾肥及中微量元素肥的配合。施肥量应占全年施肥量的 50% ～ 60%。

（2）追肥

追肥是在柿树生长期间，根据柿树各物候的需肥特点，利用速效性肥料进行施肥的一种方法。柿树对养分的大量吸收是从 5 月上旬新梢停止生长时开始，以 6 ～ 8 月吸收量最多。这一阶段吸收的氮占全年氮吸收量的 60% ～ 70%，此时追肥，应以速效氮肥为主，配以适当的磷、钾肥；7 月以后柿树对钾的吸收比对氮、磷的吸收显著增多，此时追肥应以钾肥为主，配合适当的氮、磷肥。追肥以速效肥尿素、复合肥等为主。因柿树根系的细胞渗透压较低，故以少量多次施肥为宜。

（3）叶面追肥

叶面追肥又称根外追肥。常用肥料和浓度为：尿素 0.2% ～ 0.3%、磷酸二氢钾 0.3% ～ 0.5%。叶面喷施应选择无风天气，上午 10 时以前或下午 5 时以后进行，避免高温使肥液浓缩发生药害。注意不要把酸性和碱性肥料、农药混在一起喷布，以防降低效果。

**3. 施肥量的确定**

（1）根据营养吸收量确定研究表明，0.1 $hm^2$ 成年柿树一年内所吸收的氮为 8.5 ～ 9.9 kg、磷 2.3 kg、钾 7.3 ～ 9.2 kg（均为纯量）。在被吸收的营养中，以氮和钾较多，磷较少（为氮的 1/4）。枝叶生长期对氮的需要量和吸收量较大，果实发育期对钾的需要量和吸收量较大。

以吸收量推断施肥量的计算公式：施肥量 =（吸收量一天然供应量）/ 肥料利用率根据一般的天然供给量和肥料利用率，从上式可以推算出每 1 000 $m^2$ 面积的柿园在果实生产量 2 ～ 2.5 t 的情况下，需纯氮 16 ～ 22 kg、纯磷 6 ～ 8 kg、纯钾 15 ～ 20 kg。

（2）根据树龄确定不同树龄柿树的施肥量不同，施肥量随着树龄增加而增加，参见（表 5–1）。

**表 5–1 不同树龄柿树的施肥量标准（kg 纯量 /0.1 $hm^2$）**

| 树龄（年） | 肥沃土壤(12～48株) | | | 普通土壤(16～64株) | | | 瘠薄土壤(32～64株) | | |
|---|---|---|---|---|---|---|---|---|---|
| | 氮 | 磷 | 钾 | 氮 | 磷 | 钾 | 氮 | 磷 | 钾 |
| 1 | 1.5 | 1.0 | 1.0 | 3.0 | 2.0 | 2.0 | 5.0 | 3.0 | 3.0 |
| 2 | 3.0 | 1.5 | 1.5 | 5.0 | 3.0 | 3.0 | 6.5 | 4.0 | 4.0 |
| 3 | 3.5 | 2.0 | 2.0 | 6.0 | 3.5 | 3.5 | 8.0 | 5.0 | 5.0 |
| 4 | 4.5 | 3.0 | 4.5 | 8.0 | 5.0 | 8.0 | 11.0 | 6.5 | 11.0 |
| 5 | 5.5 | 3.5 | 5.5 | 9.0 | 5.5 | 9.0 | 14.0 | 8.5 | 14.0 |
| 6 | 6.5 | 4.0 | 6.5 | 10.0 | 6.0 | 10.0 | 15.5 | 9.0 | 15.5 |
| 7 | 7.0 | 4.0 | 7.0 | 11.0 | 6.5 | 11.0 | 17.0 | 10.0 | 17.0 |
| 8 | 7.5 | 4.5 | 7.5 | 12.0 | 7.5 | 12.0 | 18.0 | 11.0 | 18.0 |
| 9 | 8.5 | 5.0 | 8.5 | 13.0 | 8.0 | 13.0 | 20.0 | 12.0 | 20.0 |
| 10 | 9.0 | 5.5 | 9.0 | 13.5 | 8.5 | 13.5 | 20.5 | 12.5 | 20.5 |
| 11 | 9.5 | 5.5 | 9.5 | 14.0 | 8.5 | 14.0 | 21.0 | 12.5 | 21.0 |
| 12 | 10.0 | 6.0 | 10.0 | 14.5 | 9.0 | 14.5 | 22.0 | 13.0 | 22.0 |

（引自王仁梓《甜柿优质丰产栽培技术》）

（3）根据计划产量确定早期密植园，可根据其计划产量确定施肥量（表 5–2）。

**表 5–2 密植柿园不同计划产量的施肥标准（kg 纯量 /0.1hm²）**

| 产量 | 肥沃土壤 | | | 普通土壤 | | | 瘠薄土壤 | | |
|---|---|---|---|---|---|---|---|---|---|
| | 氮 | 磷 | 钾 | 氮 | 磷 | 钾 | 氮 | 磷 | 钾 |
| 500 | 6.5 | 4.0 | 6.5 | 10.0 | 6.0 | 10.0 | 15.5 | 9.0 | 15.5 |
| 1000 | 7.0 | 4.0 | 7.0 | 11.0 | 6.5 | 11.0 | 17.0 | 10.0 | 17.0 |
| 2000 | 7.5 | 4.5 | 7.5 | 12.0 | 7.5 | 12.0 | 18.5 | 11.0 | 18.5 |
| 2500 | 9.5 | 5.5 | 9.5 | 14.0 | 8.5 | 14.0 | 21.0 | 12.5 | 21.0 |
| 3000 | 10.0 | 6.0 | 10.0 | 14.5 | 9.0 | 14.5 | 22.0 | 13.5 | 22.0 |

（引自王仁梓《甜柿优质丰产栽培技术》）

目前在生产上，一般幼树和初结果期柿树每年每公顷施基肥 25 000 ～ 30 000 kg，盛果期树 50 000 kg 以上，最好与 75 ～ 100 kg 过磷酸钙混合施入。基肥施入量占全年施肥总量的 80% 以上。追肥盛果期树年施入量为每公顷纯氮 300 kg、磷 150 kg、钾 300 kg。

果实采收之后至落叶休眠之前，应及时施入以有机质为主的基肥。基肥中氮的施用量占前年 60% ～ 70%，磷为 100%，钾占 50%。基肥以堆肥、展肥等有机缓效肥料为好，并适当加入速效肥。株产 50 kg 以上的成年树，可施栏肥 100 kg、饼肥 3 ～ 5 kg、草木灰 10 ～ 15 kg、人粪尿 50 kg。

成年柿树的追肥一般有 3 次：① 3 月下旬至 4 月上旬，追施以氮肥为主的催芽肥，占全年施氮量 15%。一般株施尿素 1 kg 或人粪尿 50 kg。② 6 月中旬至 7 月上旬，追施以氮、钾肥为主的保果肥。氮肥施用量占全年 15%，钾肥施用量占全年 30%。一般株施尿素 1 kg、钾肥 0.5 kg。③ 8 月上旬至

10月中旬，追施以钾肥和氮肥为主的壮果肥。钾肥施用量占全年20%，氮肥施用量占全年10%。一般追施尿素0.5 kg、钾肥0.3～0.5 kg。此外，还可根据情况，在生长期进行根外追肥。

**4. 施肥方法**

（1）基肥

①环状沟施。在树冠投影边缘，挖一深宽各为30～40 cm的环状沟，将肥料与表土混合均匀后施入，然后埋土即可。此法多用于幼树。②放射状沟施。以树干为中心，向四周挖深20～40 cm、宽30 cm、长1～2 m（依树冠大小而定）、外深内浅的放射状沟4～8条，施入肥料后填平即可。该法多用于成年树。③条沟状施肥。在劳力或肥料不足时，可逐行或隔行挖沟，结合深翻进行施肥。

（2）追肥

①地面追肥。根据肥料种类和根系分布范围确定施肥方式、位置和深度。氮肥在土壤中的移动性较强，应浅施；钾肥的移动性较差，磷肥的移动性更差。因此，磷、钾肥以施入根系集中分布层为宜，且应均匀施用，最好与有机肥混合腐熟后施用。②根外追肥。常用肥料种类和浓度：氮素肥料，尿素0.3%～0.7%；磷素肥料，过磷酸钙及磷酸二氢钾浸出液0.3%～3%，磷酸铵0.1%～0.5%；钾素肥料，草木灰浸出液3%～10%，氯化钾、硫酸钾和磷酸钾等0.5%～1%；微量元素，通常为500 mg/kg。一般在花期和生理落果期，每隔半月喷1次尿素，后期可喷磷、钾肥。

施肥是综合管理中的一项重要措施。合理施肥是保证柿树生长发育和丰产的有效途径。施肥可以改善土壤理化性质，提高土壤肥力，减少落花落果，提高产量和品质，尤其是在山坡、丘陵或瘠薄地的柿树对施肥要求更为迫切。

**5. 无公害柿的施肥原则**

无公害柿果生产的施肥原则应按照有关规定执行。根据柿的需肥规律进行平衡施肥或配方施肥。使用的商品肥料应是在农业行政主管部门登记使用或免于登记的肥料。

（1）允许使用的肥料种类

①有机肥料。系指含有大量生物物质、动植物残体、排泄物、生物废物等物质的肥料，也叫农家肥料。施用有机肥料不仅能为农作物提供全面营养，而且肥效长，可以增加和更新土壤有机质，促进微生物繁殖，改善土壤的理化性质和生物活性，是生产无公害果品的主要营养物质来源。

有机肥料包括堆肥、沤肥、厩肥、沼气肥、绿肥、作物秸秆肥、泥炭肥、饼肥、腐殖酸类肥、人畜废弃物加工而成的肥料等。

A. 堆肥。以各类秸秆、落叶、杂草、人畜粪便为原料，与少量泥土混合堆积而成的一种有机肥料。

B. 肥。呕肥所用的物料与堆肥基本相同，只是在淹水条件下（嫌气性）进行发酵而成的有机肥料。

C. 厩肥。系指猪、牛、马、羊、鸡、鸭等畜禽的粪尿与秸秆垫料堆制成的肥料。

D. 沼气肥。在密封的沼气池中，有机物在嫌气条件下腐解产生沼气后的副产物，包括沼气液和沼渣。

E. 绿肥。利用栽培或野生的绿色植物体作肥料，主要分为豆科和非豆科两大类。豆科绿肥有绿豆、蚕豆、草木樑、沙打旺、田菁、苜蓿、怪麻、紫云英、茗子等。非豆科绿肥最常用的有黑麦草、荆条、肥田萝卜、肿柄菊、小葵子等。

F. 作物秸秆肥。农作物秸秆是重要的有机肥源之一。作物秸秆含有相当数量的作物所必需的营养元素（N、P、K、Ca、S 等），在适宜的条件下通过土壤微生物的作用，这些元素经过矿化再回到土壤中，为作物所吸收。

G. 泥肥。未经污染的河泥、塘泥、沟泥、港泥、湖泥等。

H. 饼肥。菜籽饼、棉籽饼、豆饼、芝麻饼、花生饼、蓖麻饼、茶籽饼等。

②商品有机肥料。指以大量生物物质、动植物残体、排泄物、生物废物等物质为原料，加工制成的商品肥料。

A. 无机（矿质）肥料。将矿质经物理或化学工业方式制成，养分呈无机盐形式的肥料。如硫酸钾、磷矿粉、钙镁磷肥等。

B. 半有机肥料（有机复合肥）。由有机和无机物质混合或化合制成的肥料。共有两种类型，一类是经无害化处理的畜禽粪便，加入适量的锌、锰、硼、钼等微量元素制成的肥料；另一类是发酵废液干燥复合肥料，以发酵工业废液干燥物质为原料，配合种植食用菌或畜禽用的废弃混合物制成的肥料。

C. 腐殖酸类肥料。是指泥炭（草炭）、褐煤、风化煤等含腐殖酸类物质的肥料。

D. 微生物肥料。是指用特定微生物菌种培养生产具有活性的微生物制剂。它无毒无害，不污染环境，通过特定微生物的生命活动能改善植物的营养，或产生植物生产激素，促进植物生长。根据微生物肥料对改善植物营养元素的不同，可分为根瘤菌肥料、固氮菌肥料、磷细菌肥料、硅酸盐细菌肥料、复合微生物肥料等五种。

E. 叶面肥料。指喷施于植物叶片并能被其吸收利用的肥料，叶面肥料中不得含有化学合成的生长调节剂。包括微量元素肥料：以铜、铁、锰、锌、硼、钼等微量元素及有益元素为主配制的叶面肥料；植物生长辅助物质肥料：用天然有机物提取液或接种有益菌类的发酵液，再配加一些腐殖酸、藻酸、氨基酸、维生素、糖等配制的叶面肥料。

F. 其他肥料。包括不含合成添加剂的食品、纺织工业有机副产品，不含防腐剂的鱼渣、牛羊毛废料、骨粉、氨基酸残渣、骨胶废渣、家畜加工废料、糖厂废料等有机物料制成的肥料。

（2）无公害柿肥料使用准则

①限制使用的肥料限制使用含氯化肥和含氯复合肥。尽量选用标准规定的允许使用的肥料种类。

②城市生活垃圾在一定的情况下使用是安全的，但要防止金属、橡胶、砖瓦石块混入，还要注意垃圾中经常含有的重金属和有害毒物等。因此，城市生活垃圾必须经过无害化处理、质量达到国家标准后才能使用。禁止使用未经无害化处理的城市垃圾或含有重金属、橡胶和有害物质的垃圾。

③生产无公害食品的农家肥料，无论采用何种原料制作堆肥，必须高温发酵，以杀灭各种寄生虫卵和病原菌、杂草种子，达到无害化卫生标准。农家肥料原则上就地生产就地使用，外来农家肥应确认符合要求后才能使用。商品肥料及新型肥料必须通过国家有关部门登记认证及生产许可。

④因施肥造成土壤、水源污染，或影响农作物生长、农产品达不到卫生标准时，要停止使用这些肥料，并向省、市无公害食品管理部门报告，其生产的食品也不能继续使用无公害食品标志。

### （三）灌溉与排水

柿树在生长期需要有充足的水分，但根系忌长期积水。一般土壤相对含水量在 60% ～ 80% 时枝梢生长最好，而当土壤相对含水量低于 50% 时，则影响柿树的光合作用等生理过程。因此，在柿园建立时，必须修建好排灌系统。

柿树较抗旱。据研究，柿树在生长期内，遇连续 30 天的晴朗天气并不影响枝梢生长和果实膨大。但遇 35 天以上的持续高温干旱天气时，果实变小，叶卷缩、脱落，枝条枯死甚至整株死亡。因此干旱季节必须灌水。此外，当柿产区年降水量不足 500 mm，或降水量虽超过 500 mm、但分布不均匀时，就应根据土壤干湿和气候情况进行灌水。灌溉水应无污染，水质符合有关的规定。柿树灌水可在萌芽前、新梢生长期、果实膨大期和结冻前分 4 次进行，华北地区春季干旱、少雨多风，故应在萌芽前和开花前各灌一次透水。同时，每次施肥后均应灌水。常用的灌水方法有树盘灌溉、渗灌、穴贮肥水、沟灌、滴灌等。

灌水量应根据树体大小和土壤湿度而定，以能浸透根系主要分布层（40 ～ 50 cm）为宜。柿树比其他树种较耐旱。据试验，使土壤湿度保持在田间持水量的 50% ～ 70%，就可以保证柿树正常的生理活动，并且生长结果良好。灌水后若能覆膜或覆草，更有利于保持土壤水分，防止水分过早蒸发。

柿树耐涝性较强，在流水中 20 余天不见有死树。但在缺氧的静水中 10 天以上时，可发现枝叶枯萎现象。因此，平地或地下水位高的柿园、梅雨季节或台风暴雨季节，应加强排水，以免根系受涝缺氧而霉烂死亡。

柿树生理上并不耐旱，生产上表现出的耐旱性主要是由成年柿树发达的根系所致。幼树期需要加强水分管理，否则影响成活。成年树缺水时，会影响树体的生长和发育，出现根系生长停滞、吸收能力降低、光合作用减弱、枝叶生长减慢、落花落果加重、果实发育不良，甚至造成日灼、落叶等现象。

柿树灌水应根据雨量多少并结合施肥进行，一般在冬前灌 1 次封冻水，提高树体抗寒能力；春季干旱或多风少雨时，可在萌芽前和开花前、后各灌 1 次水；7 ～ 8 月果实膨大期若雨量偏少，可再灌 1 ～ 2 次。每次灌水可结合施肥进行，每次灌水后要及时进行松土除草。

灌水要适量，掌握好适宜的灌水量对柿树根系生长和树体生长均有利，一般是浇透水，以湿透 50 cm 以上土层即可。较为节水的灌溉方式为沟灌或穴灌等方法。

## 二、整形修剪

### （一）幼树及初果期树的整形修剪

柿的幼树阶段以整形为主，任务主要是培养良好的树形及合理的树体结构，修剪一般分为二次，即落叶后至萌芽前为休眠期修剪，萌芽后至落叶前为生长季修剪。柿一般在 4 ～ 5 年生进入初结果期，此期随着树体骨架的形成，树冠扩大迅速，结果数量逐渐增多，枝条角度逐渐开张。初果期柿树修剪的主要任务是继续培养良好的树形及合理的树体结构，培养牢固的结果枝组，促进树体由营养生长向生殖生长的转化，达到早期丰产的目的。

1. 自由纺锤形的整形修剪（图 5–1）

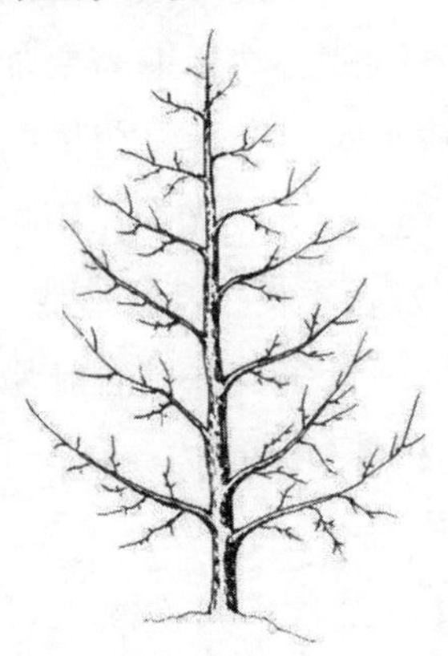

图 5–1 自由纺锤形示意图

（1）定干定植后，距地表 80 ～ 100 cm 处剪截定干，第一芽留在迎风面，并对剪口 4 芽以下的 2 ～ 3 芽进行刻伤。

（2）第一年的修剪

①生长季修剪：选第一芽枝或第二芽枝作为中心主干进行培养，及时抹除所有根蘖。其他新梢长到 60 cm 时（7 月上、中旬）接枝开角，使角度达到 60° ～ 70° 。②休眠期修剪：由于苗木质量及管理技术等原因，一年生柿树生长差异较大，修剪时区别对待，分类进行。

对于抽枝较多长势较旺的树，首先选留 3 ～ 4 个方位较好、角度适宜、长势均衡的枝条于 40 ～ 50 cm 处短截，中心主干延长枝过旺或过弱时可用下部竞争枝代替，并于 50 ～ 60 cm 饱满芽处短截，同时疏除主干上所有细弱枝；对于抽枝少长势弱的树，中心主干延长枝可于饱满芽处（40 cm 左右）短截，竞争枝拉平甩放，选 2 ～ 3 个主枝于 30 ～ 40 cm 处短截。

（3）第二年的修剪

①生长季修剪：发芽前后在中心主干上选方位适宜的饱

满芽刻伤，促发新梢，防止光秃带形成。5 月下旬至 6 月上旬对过密新梢进行疏间，主枝上的直立旺长新梢别压改变生长方向。7 月对主枝继续拉枝，防止二次生长。②休眠期修剪：中心主干延长枝继续留 50 ～ 60 cm 于饱满芽处短截，原有主枝于 40 ～ 50 cm 处短截，两侧生长的健壮枝条缓放，同时在中心主干上再选方位适宜的 1 ～ 2 个枝条短截，作为主枝培养。

（4）第三年的修剪

①生长季修剪：萌芽前后继续在中心主干及主枝延长枝上选方位适宜的饱满芽刻伤，及时抹除过多过密的萌蘖枝。6 月上旬对有生长空间的背上徒长性新梢压平改变其生长方向，减缓生长速度。7 月对主枝继续开张角度，平衡各主枝间的生长势。②休眠期修剪：中心主干延长枝长势过旺时要换头，于 50 ～ 60 cm 饱满芽处短截，平衡树势，防止过快地高生长。同时选择方位好的 2 ～ 3 个枝条中短截作为主枝，其他 20 ～ 30 cm 长的健壮枝条缓放，利用其抽生结果枝结果，控制其过快的离心生长，缓和树势。

（5）第四年的修剪

①生长季修剪：发芽前后对所有骨干枝延长枝及光秃部位选位置适宜的饱满芽刻伤，促发新梢。同时继续开张骨干枝角度，主枝角度达到 70° ～ 80° ，临时性枝条拉平缓放。6 月以后，及时疏除萌蘖枝及生长部位不当的徒长枝、竞争枝。②休眠期修剪：此期树高、枝展均已达到 3 m 左右，各骨干枝延长枝不再短截，全部缓放。主枝两侧生长的健壮发育枝短截，培养结果枝组。20 ～ 30 cm 长的健壮枝条缓放，利用其抽生结果枝结果。对竞争枝分别对待，有空间的压平缓放，填补空间，其余全部疏除。对生长过长的临时性枝条及时回缩，

培养中大型结果枝组。对下垂枝、细弱枝、冗长枝全部疏除。

（6）第五年及以后的修剪

①生长季修剪：巩固骨干枝角度，防止反弹或梢角过小。控制各类结果枝组延伸生长速度，促其圆满紧凑。同时疏除过密的徒长枝、竞争枝、细弱枝、冗长枝。②休眠期修剪：应疏缩结合，去弱留强，去远留近，及时进行局部小更新。初结果期树预备枝和结果母枝比例保持在 1 ：（4 ～ 5），盛果期树保持 1 ：（2 ～ 3）。利用徒长枝及时更新，培养新结果枝组。应注意利用副芽更新结果母枝，压低枝位。衰弱枝组和骨干枝延长枝应及时回缩到壮枝、壮芽处，抬高角度，去弱留壮，集中营养。

**2. 疏散分层形的整形修剪**

（1）定干。定干高度 80 ～ 100 cm，在 20 ～ 30 cm 的整形带内保证有 6 ～ 8 个饱满芽（图 5–2）。

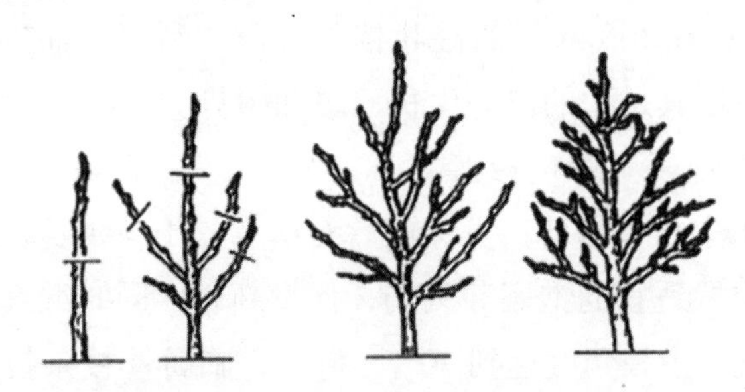

图 5–2　疏散分层形整形过程示意图

（2）第一年的修剪

①生长季修剪：发芽前于剪口 3 ～ 4 个芽以下刻伤 2 ～ 3 个芽。及时控制竞争枝的生长。②休眠期修剪：选直立生长的强壮枝条作为中心主干培养。对生长较壮，一年生枝长 70 cm 以上，一年能选出 3 ～ 4 个主枝的，中心主干于 60 cm 处

短截，并同时选择生长健壮、角度方位适宜的 3 ～ 4 个枝条，于 40 ～ 50 cm 处短截培养为主枝，保留中庸枝作辅养枝，疏除细弱枝；当生长较弱、一年只能选出 2 个主枝时，中心主干延长枝于 30 ～ 40 cm 处短截，使剪口下第三芽位于预选第三主枝方位，所选留的主枝于 30 cm 处短截。

（3）第二至第四年的修剪

①生长季修剪：及时疏除过密新梢，有生长空间的新梢长 30 cm 以上时压平改向。第三、第四年发芽后用疏间、回缩方法控制中心主干上过密的长放枝和竞争枝。②休眠期修剪：培养上、下层主枝和侧枝，适当配置辅养枝。对主、侧延长枝于 40 ～ 50 cm 处短截；疏间或回缩过密枝和直立枝；利用中庸枝带头抑制中心主干过快高生长，控制上下平衡关系。

（4）第五、六年的修剪

①生长季修剪：采用疏间、回缩、拉枝等措施控制层间及主枝上大辅养枝的数量和生长势，使其向结果枝组方面转化。用压平、曲别等方法控制直立新梢的生长。②休眠期修剪：按树形要求，在配齐所有主枝的基础上，对树体结构进行调整，主要对层间及主枝上过密过大的辅养枝进行疏间或回缩，逐渐减少辅养枝的数量，尽快增加结果枝组，全树的主、侧延长枝或其他健壮枝均长放不短截，待结果后再回缩培养成短轴紧凑的结果枝组。

（5）丰产期树的修剪

一般在休眠期修剪，主侧枝头严重下垂变弱时，要及时抬高角度，保留壮头回缩复壮。疏缩结合，培养内膛背上结果枝组，防止结果部位外移。精细修剪，采用双枝更新或同枝更新修剪法，截留预备枝，促生健壮结果母枝，调节大小年结果幅度。利用徒长枝及时进行枝组间更新，培养新枝组，保证有效结果部位，延长盛果期年限。

**3. 多主枝开心形（自然开心形）的整形修剪（图 5-3）**

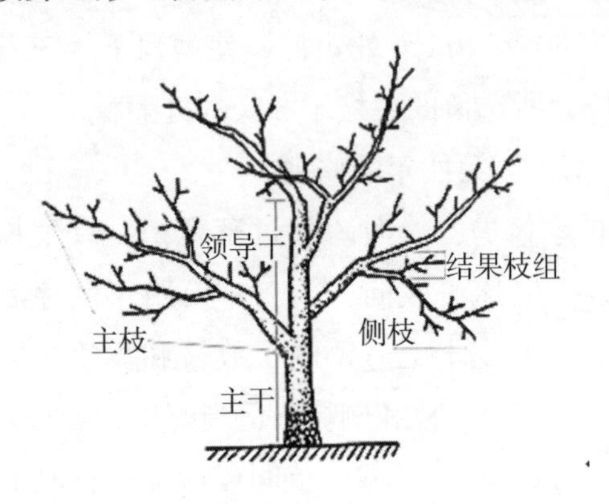


图 5-3　自然开心形示意图

（1）定干定干高度 100 ～ 120 cm，整形带内有 4 ～ 5 个饱满芽。

（2）第一年的修剪

①生长季修剪：当新梢长到 60 cm 以上时，将枝条角度拉至 45° ～ 50° 。②休眠期修剪：中心主干延长枝于 30 cm 处短截。选留 3 个角度较好，方位适宜，长势均衡的枝条在 40 cm 处短截作为主枝培养。另外选择长势中庸的直立枝条于 30 cm 处短截。

（3）第二年的修剪

①生长季修剪：控制竞争枝的生长，疏除过密新梢，调整所留主枝生长势。②休眠期修剪：对原有主枝于 40 cm 处短截，疏除竞争枝和细弱枝，插空选留第四、五主枝，并于 60 cm 处短截。疏除中心主干、直立向上的过旺枝条、水平枝及细弱枝，主枝层内距保持在 30 cm 左右。

（4）第三、四年的修剪

①生长季修剪：发芽前后在第四、五主枝的适当部位刻芽，提高萌芽率，减少单枝生长量。在第一、二、三主枝的适当部位刻芽，促发斜生新梢，作为第一侧枝培养。②休眠期修剪：调整树体结构，维持各骨干枝间生长平衡。生长过旺的主侧枝可利用中庸枝带头，并长留缓放。生长较弱的主侧枝继续利用壮枝带头，并于 40 ～ 50 cm 处短截。直立向上的徒长枝、细弱枝全部疏除，远离树干的甩放枝要及时回缩至壮芽壮枝处，培养成紧凑的结果枝组（图 5–4）。

（5）结果期以后的修剪

参照疏散分层形树体结构的调整与修剪。

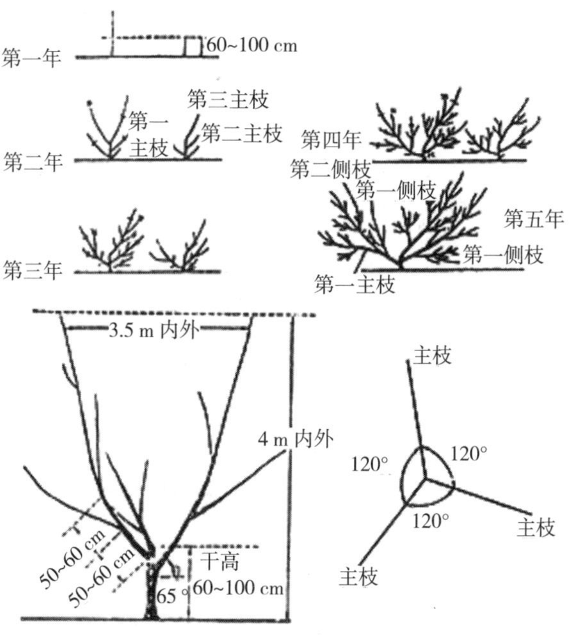


图 5–4　自然开心形整形过程（王仁梓）

### 4、变则主干形的整形修剪（图 5-5）

（1）苗木定植后定干，定干高度为 80 ～ 100cm，剪口下要有 5 ～ 6 个饱满芽。若高度不够，可于饱满芽处剪截，待高度达到定干要求时，再行定干。

（2）栽后第一年，春季萌芽后及时除萌，对 1 个芽位同时萌生儿个新梢的，选留 1 个，其余剪除。于 6 月中、下旬新梢半木质化时选定第一主枝，主枝方向、角度用长木（竹）杆绑缚固定，其余新梢除中心干延长枝外一律拿枝开角，缓和生长势。至 7 月下旬，对选留的主枝进行第二次绑缚诱导。冬剪时，中心干延长枝剪留 80 cm 左右，注意剪口芽的方位；

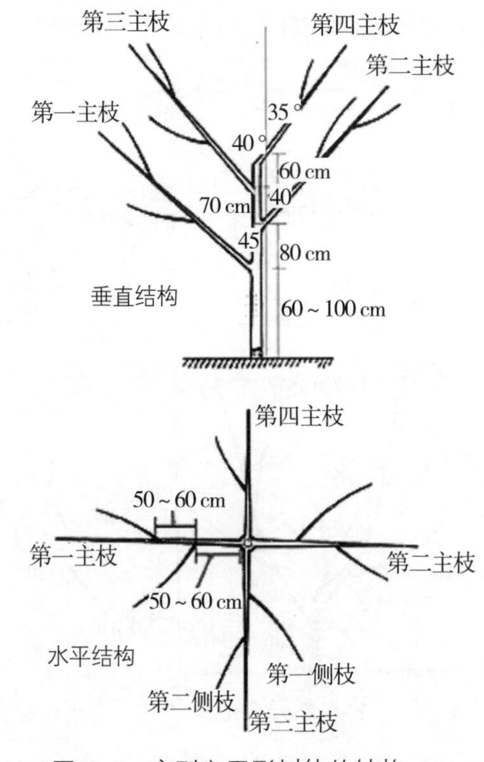


图 5-5 变则主干形树体的结构

第一主枝轻剪，留外芽、壮芽。疏除竞争枝、过密枝，或竞争枝留橛修剪，如果原头生长弱，也可用竞争枝换头。其余枝条留 20 ～ 30 cm 短截，培养枝组。

（3）栽后第二年，于春季萌芽前在主枝上第一侧枝的位置刻芽，培养第一侧枝，侧枝应为背斜侧（若主枝生长弱，冬剪时可在 50 ～ 60 cm 处短截，则不必刻芽）。6 月中、下旬，按照第一年的方法培养第二主枝。冬剪时中心干延长枝剪留 70 cm 左右，各主侧枝头轻短截，疏除过旺的竞争枝、密生枝，短截其他枝条培养结果枝组。对上一年培养的枝组进行缓放。

（4）栽后第三年，依照以前的方法培养第三主枝，并在第二主枝上培养第一侧枝，在第一主枝上培养第二侧枝（延长枝头长留时刻芽）。6 月初对生长较旺的辅养枝进行环割或环剥促花。冬剪时，中心干延长枝剪留 60 cm，第三主枝和第二主枝的延长枝各剪留 50 ～ 60 cm。侧枝适度短截，第一主枝的主、侧延长枝头轻短截，疏除强旺、过密枝，其他枝条缓放、开角，培养成结果枝组。

（5）栽后第四年，依前法培养第四主枝、第三主枝的第一侧枝和第二主枝的第二侧枝，并在第一主枝上培养结果枝组。对没有坐果的辅养枝，全部进行环割或环剥。冬剪时于第四主枝以上落头开心，第四主枝不剪，甩放于春季萌芽前，通过刻芽培养侧枝。第三主枝延长枝剪留 50 ～ 60 cm，其侧枝适当短截。第一、二主枝的主、侧枝头，视空间大小或轻短截，或甩放。

（6）栽后第五年，于第三、四主枝上培养最后两个侧枝，加强夏季修剪，控制上位旺枝，通过拉枝开角缓和其长势，或通过连续摘心将其改造成结果枝组。对主枝结构影响较大的枝条，从基部疏除。对挂果少的，生长旺的辅养枝继续进行环剥或环割，以削弱其生长势，促进成花。冬剪时各主、侧枝头应适时缓放，根据株行距、树高及枝条生长状况决定缓放时间，以便早果、早丰，并有利于生产操作。主枝上的枝条只要不过密过旺一律甩放。及时控制辅养枝，使其数目不能过多，所占空间不能过大。对已经结过果且没有发展空间的辅养枝要及时回缩，及早将结果部位转移到主枝上。

## （二）密植低冠树形培养

1. 纺锤形。适宜密度 3 m×4 m、2 m×5 m、2 m×3 m（每亩 56 ～ 110 株），树高 3 m 左右，干高 80 cm 左右，中心干上均匀错落着生 6 ～ 8 个大、中型较为固定的结果枝组，结果枝组下部稍大，上部较小。

2. 三枝一心形。适宜密度 4 m×5 m 或 3 m×4 m（每亩 33 株或每亩 56 株），树高 3.5 ～ 4 m，干高 1 m 左右，基部 30 ～ 40 cm 范围内选留三大主枝，主枝上合理配置结果枝组，中心干上均匀错落着生 3 ～ 4 个结果枝组。

3. 主干疏层形（图 5–6）。

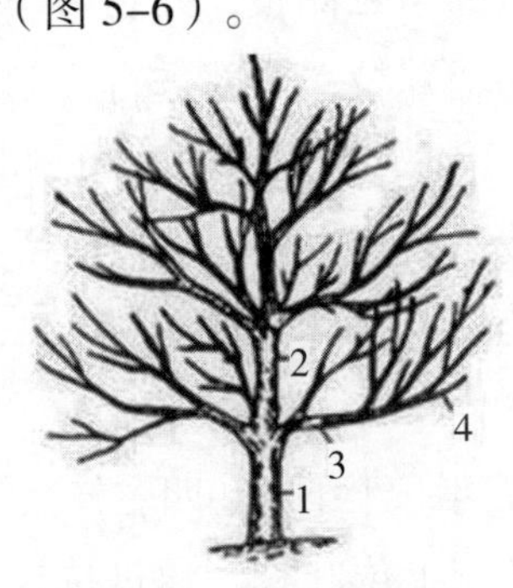


图 5–6　主干疏层形

1. 主枝　2. 中心干　3. 主枝　4. 侧枝

适宜密度 5 m×6 m 左右，树高 4 ～ 5 m，干高 70 ～ 100 cm。主枝在中心干上层分布，全树共有 6 个主枝，第一层 3 个，第二层 2 个，第三层 1 个。上、下层主枝应错开分布，主枝层内距 30 ～ 40 cm，第一层与第二层主枝层间距 1 ～ 1.2 m，第二层与第三层主枝层间距 80 ～ 100 cm，各主枝上分布 2 ～ 3 个侧枝，侧枝上着生结果枝组。树冠呈圆锥形或半椭圆形，可用于柿粮间作或零星栽植。

### （三）盛果期树的修剪

柿树一般在 10 ～ 12 年生以后，就进入大量结果期，这一时期的长短，主要受栽培技术的影响。此期树体结构基本定型，营养面积达到相应的大小；随着产量的大幅度提高，树姿逐渐开张，离心生长明显减缓，膛内、冠外都能大量结果，外围健壮枝条当年多能形成质量较好的结果母枝；随着树龄增加，大枝多弯曲生长，内膛隐芽随着细弱枝的枯死而萌发新枝，出现局部更新现象。此期修剪的主要任务是改善内膛光照条件，培养内膛结果枝组，防止结果部位外移，延长立体结果年限，保证旺盛的营养生长水平，调节结果枝和营养枝的比例。

盛果期柿树在修剪时应注意以下几点：

1. 调整骨干枝的角度，保证树体有较好的营养。生长盛果期的柿树，随着树龄增加和枝量增多，树冠内膛通风透光条件逐步恶化，结果部位外移，大枝先端下垂现象日趋严重。应重点疏除过多的大型枝条，有空间的可留短桩，促使隐芽萌发更新枝，培养成结果枝组，填补空间，增加结果部位。对大型辅养枝和结果枝组，要缩放结合，左右摆开，使枝组呈半球状，树冠外围呈波浪状。同时要及时回缩大枝原头，抬高主侧枝角度，培养大枝后部着生部位高的新生枝，逐渐代替原头生长，恢复主枝的生长势（图 5–7）。

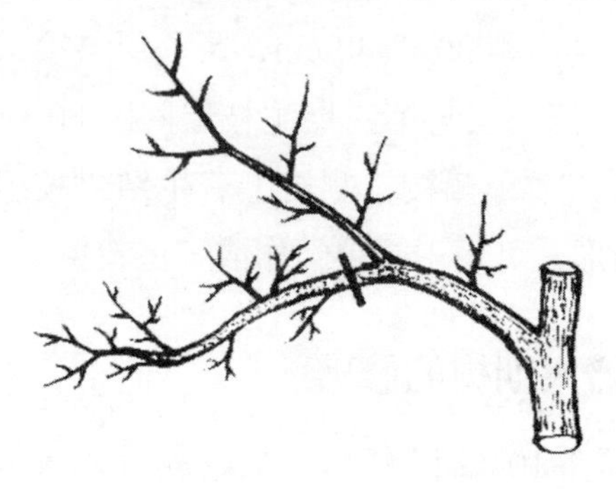

图 5–7 回缩下垂枝，抬高枝头角度

2. 疏缩结合，培养内膛结果枝组，防止结果部位外移。大量结果期的柿树，大枝后部容易光秃，造成结果部位外移。修剪时，应及时回缩更新，使营养相对集中，促使后部发生健壮的新枝。对有发展空间、生长充实的新枝，要及时短截，压低枝位，培养成枝组，巩固回缩效果；有培养空间的徒长枝，冬剪时可拉平，培养成结果枝组；无发展空间的新生枝从基部疏除。对下垂严重、后部光秃、枝叶量小的中型枝作较重回缩，起到压前促后、巩固结果部位的效果。树体达到相应高度、上部遮阴严重时，要及时落头开心，解决内膛及下部的光照矛盾。同时应疏除细弱枝、枯死枝、交叉重叠枝及病虫枝等。

3. 合理截留预备枝，促生健壮的结果母枝，克服大小年。结果柿树是以壮枝结果为主的果树，结果母枝越粗壮，抽生的结果枝越多，坐果数也多。为了促使每年都能形成大量的健壮结果母枝，可在冬季修剪时，保留一部分结果母枝，不短截；对 1/3 左右的结果母枝，可选方向好的留基部 2 ～ 3 芽短截，作为预备枝，次年春季可抽生 2 个壮枝而形成健壮的结果母枝，即截一留二的修剪方法。此外，也可短截上年结果的枝条，留基部隐芽或副芽，生长季可萌发抽枝，成为结果母枝，即“双枝更新法”（图 5–8）。

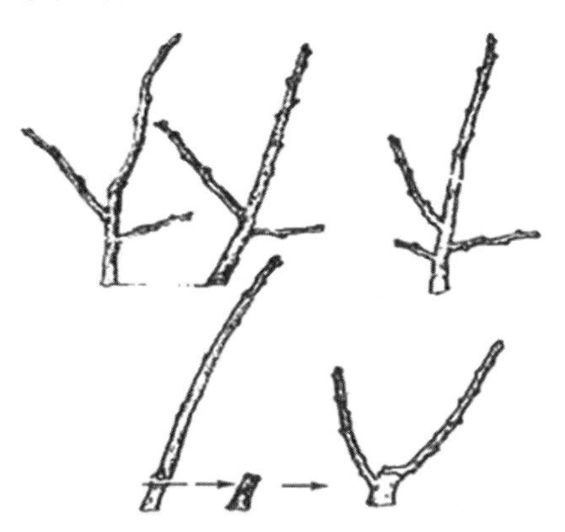

图 5–8　双枝更新修剪示意图

如果结果枝在结果当年生长势弱，多数不能形成结果母枝而连续抽生结果枝，也可用同枝更新修剪法，修剪时，回缩到分枝处。对一些成花容易的品种，大年时对部分结果母枝截去顶端 2 ～ 3 芽，使上部的侧生花芽抽生结果枝，下部叶芽抽生发育枝形成结果母枝，为翌年结果打下基础。

4. 利用副芽更新。副芽体大，萌发抽枝能力强。因此，在更新修剪时，要保护剪留枝条基部的两个副芽。如修剪量适当，副芽很容易抽生出 10 ～ 30 cm 长的“筷子码”。这样的枝条，抽生结果枝的能力强，应重点培养。

5. 充分利用徒长枝及时更新大量结果期的柿树，树冠外围新梢大多是结果枝，而柿树结果枝的连续结果能力一般较低，易衰弱枯死。但是，柿树隐芽寿命较长，容易萌发形成徒长枝，进行局部更新。因此，在修剪时应疏除部分徒长枝，留下位置好、生长健壮、发展空间大的徒长枝，待长到15～30 cm时进行摘心控制；也可于冬季修剪时拉平，后部发枝后再回缩，培养成新的结果枝组。

## （四）放任生长树（盛果期树）修剪

目前生产上处于盛果期的大树多层放任生长树，表现为树体高大，大枝数量多，外围枝密集，内膛光秃，树冠外围结果为主，而且结果母枝细弱，外多内少，大枝细长而下垂，枯死枝多，产量低而不稳。

对此类树修剪的原则是因树造形，因枝修剪，逐年改造。在保证产量的前提下，分期落头，控制树高，清理过多大枝，打开层间，通风透光，培养内膛枝，用缩疏间下垂枝，抬高主枝角度，更新内膛，使之立体结果。

注意大枝处理，不可片面强调树形和骨架，要因树、因枝进行改造，且改造不宜过急，即不可一次性动大枝过多，以免影响产量。充实内膛时亦不可过分回缩，或打预备枝过多，影响产量发徒长枝过多。

## （五）精简化修剪技术

1. 纺锤形。一般三年成形。栽植成品苗建园，栽后随即定干，定干高度1 m左右。根据树形要求，第二、三年在中心干上逐步选留培养6～8个大、中型结果枝组，每年冬剪时疏除过密枝，选留枝一般不截延长头，应注意拉枝。拉枝时间以每年4月初至5月底或7月底至8月初为宜，枝条角度拉至60°～70°。

2. 三枝一心形。一般三年成形，第一年定干，定干高度1.2 m左右，当年冬剪或第二年春剪时选留基部三主枝，三主枝尽量不要邻接，以免卡脖。层内距30～40 cm，主枝方位应斜向行间，水平夹角120°，中心干及主枝均不截延长头。于第二年4月初至5月底拉开主枝，角度以60°～70°为宜。第三年冬剪时在中心干上选留3～4个结果枝组，均匀错落排列。

3. 主干疏层形。定干高度1～1.2 m，第一年冬剪时选留第一层主枝，主枝延长头于饱满芽处短截，三主枝层内距30～40 cm，水平夹角120°，主枝与中心干夹角60°～70°。第二年在基部三主枝上各培养2～3个侧枝，并选留第二层主枝。第三年选留第三层主枝，主、侧枝延长头每年冬剪时均应在饱满芽处短截，一般三年成形。应注意疏除过密枝、病虫危害枝，结合生长期拉枝培养牢固的树体骨架。

## 三、树体管理

### （一）丰产稳产管理

柿树要做到丰产稳产，必须加强土肥水管理、科学合理整形修剪，及时有效防治相关病虫害。同时根据柿树生长结果特性，应重视防止落花落果。

柿树在开花前随着新梢的迅速生长，果枝上部叶腋间的花蕾即有不断脱落现象，开花后幼果形成期及果实膨大期又有落果现象。另外病虫害也使落花落果严重，柿炭疽病、柿蒂虫、柿棉蚧等的危害是造成落果率高的原因。在柿树的栽培管理中，水肥条件的不足，造成树势减弱，幼果发育不良，也可造成落果。在修剪过程中，不及时疏除过密的枝条，树膛内枝叶过密，通风透光条件差，无效枝叶多，也会导致落花落果。

在生产中要减少落花落果，主要从树体管理着手，尤其要重视秋季农家肥的施入量。农家肥要施早、施足，才能从根本上改善树体的生长条件，增强树势，使树体内储存较多的营养物质，提高坐果率。另外，应注意平衡施肥，根据柿树各个生长期对营养物质的不同要求，确定施肥的种类和数量，尤其在柿树生长后期，注意磷、钾肥的施用量。

相对于其他果树，柿落花率比较高，可以采取花期环割手段，使光合产物向下运输受阻，及时供给花器组织，以提高坐果率。具体的做法是，初花期在柿树主干上距地面 20 cm 以上或在主枝上环割，若水肥条件较差，树势较弱则不宜环割。除花期环割外，在柿花初期喷布 500 mg/kg 赤霉素 +0.3% 硼砂溶液 1 次，对于提高坐果率也有一定的促进作用。

### （二）弱树复壮管理

1. 加强土肥水管理。土肥水管理是树体管理的基础，对于生长较弱的树更应重视。弱树应加强土肥水管理，增施有机肥，实行全营养平衡施肥、叶面喷肥等，增强树势，促进生长，使树体由弱变强，健壮生长。

2. 弱树修剪应稍重一些，刺激生长。短截骨干枝延长头、结果枝组部分枝条，回缩过长枝，使枝变得紧凑，疏除过密枝、过弱枝、病虫枝，促进弱树恢复树势，由弱变强，健壮生长。

3. 防治病虫，减轻危害，促进生长。病从弱入，即一般长势较弱、抗逆性差的树，病虫容易侵入，尤其要重视柿炭疽病及柿棉蚧、龟蜡蚧、柿长绵蚧、草履蚧等几种介壳虫的防治，做到预防为主、综合防治。为弱树排除干扰、排除危害，健康生长，由弱变强。

## （三）花果管理

### 1. 授粉

柿都有一定的单性结实能力，但“富有”“伊豆”“松本”早生等品种单性结实能力低，没有种子的果实小而易落果，而且果形不整齐，果顶不丰满，商品性差；“禅寺丸”“西村早生”等不完全甜柿为了能在树上脱涩，也必须要有足够的种子数量来保证脱涩。无核柿果也需要花粉刺激才能坐果。

为了提高坐果率，必须充分授粉。为此，柿园应配置授粉树，授粉树必须选与主栽品种花期相遇的品种。为了提高授粉树的作用，可在柿园花期放蜂，每4～5$hm^2$置一箱蜂为宜。若花期遇低温、下雨，蜜蜂的活动受影响时，为了确保授粉，最好采用人工辅助授粉。授粉用的花粉须在蓓蕾期花瓣呈黄白和刚开放的花上采集花粉，授粉效果最好。

### 2. 疏蕾和疏果

结果量与树势有关。树势衰弱的，往往结果量太多，发育不良，劣果比重大。树势过强，结果量少，产量低效益差。最理想的是介于两者之间的中庸树势，养分的利用效率最高，结果量也最合适。

疏蕾与疏果并非越早越好。疏蕾的最适期是在结果枝上第一朵花开放的时候开始至第二朵花开放时结束。疏蕾除保留开花早的1～2朵花以外，结果枝上开花迟的蕾全部疏去。

才开始挂果的幼树，应将主、侧枝上的所有花蕾全部疏掉，使其充分生长。

早疏果虽然留下来的果实容易长大，但因柿树生理落果严重，疏果太早，生理落果以后留下的果实数量也许会太少。所以，疏果宜于生理落果即将结束时（7月上中旬）进行。疏果时应注意留下来的果实数与叶片数要有适当的比例，并应将发育不良的小果、萼片受伤的畸形果、病虫果等先行疏去。保留侧生果或侧下生果，个大、匀称、深绿色、萼片大而完整的果实，尤其是萼片大的果实最容易发育成大果应尽量保留。

### （四）生理落果及其防止

柿树成花容易，但坐果率较低，这也是影响产量的主要原因之一。因此，为了提高柿树的产量，必须做好保花保果工作。

#### 1. 生理落果的原因

柿树落花落果有两种情况，一种是外界因素所引起，如风灾、雹灾、病虫危害等；另一种则是柿树本身生理失调所引起，称为生理落果。生理落果又叫“六月落果”，主要发生在6月上、中旬。造成生理落果的原因，主要有以下几个方面：

（1）品种不同，生理落果程度有很大差别

据调查，大磨盘柿的落果率为20%～50%，甜心柿为39.4%，绵柿为47%～77%，莲花柿为69.5%，大红袍柿为80%以上。

（2）营养不足

营养生长与开花结实之间，始终存在着营养物质分配的矛盾，落花落果是矛盾激化的反映。柿树成花容易，开花量大，消耗营养多。由于花芽形成时期和部位不同，一些花芽发育不良，花蕾瘦小，争夺养分的能力低，当树体养分不足时，其生长发育迟缓而首先脱落。有时也由于光照不足或上午结果量过大，树体后期贮藏营养积累少，影响了花芽分化所致。

（3）修剪不当

修剪过轻或不行修剪，枝叶重叠，相互遮阴，通风透光条件恶劣，无效枝叶增多，影响有机物质的合成与分配。修剪过重，促使大量隐芽萌发徒长，导致枝叶生长与果实生长相互争夺水分与养分，都会造成落花落果。

（4）土壤水分不足或变幅太大

天气干旱，土壤水分亏缺时，根系吸水困难，影响光合作用的正常进行和矿物质的吸收利用，光合速率低，有机营养积累少，不能满足开花坐果和果实生长发育的需要。另外，土壤水分变幅过大，久旱突遇大雨，果实细胞由失水状态突然转向高度充水状态，代谢方式受到破坏，也都会造成落果。

（5）授粉不良

有些单性结实能力强的品种，如磨盘柿，不存在授粉问题。而有些品种，特别是甜柿类品种必须通过授粉方可正常结果，如果授粉不良，花和果实在生长发育过程中就会脱落。

**2. 保花保果措施**

针对上述造成落花落果的主要原因，可以采取以下保花保果措施：

（1）加强土肥水管理

合理施肥浇水，改善土壤理化性质，提高土壤肥力，增强树势，保持土壤湿度，减少土壤水分的变幅程度，维持树体正常的生理活动，可以明显提高坐果率。

（2）合理修剪

维持良好的树体结构，保证树体健壮生长，减少无用枝叶的消耗，改善通风透光条件，保证叶果适当的比例，平衡营养生长与生殖生长的关系，使树体合理负担。

（3）花期环剥

花期对壮树、壮枝进行环状剥皮，可使坐果率显著提高。剥期从初花期开始到盛花期完成较好，剥口宽度以0.3～0.6 cm，剥后30～40天内愈合为宜。但切忌对弱树、老树进行环剥。

（4）叶面喷肥

于柿树盛花期和果实迅速膨大期，叶面喷布0.3%～0.5%的尿素和0.3%～0.5%的磷酸二氢钾，不仅可以提高叶片的光合强度，而且对提高坐果率具有显著的效果，这一措施对山地、丘陵地柿园尤为适用。

（5）配置授粉树

对单性结实能力差、需要授粉的品种，应合理配置授粉树，或进行人工辅助授粉（特别是花期天气状况不良时），从而提高坐果率。

## 四、果实采收与脱涩

### （一）采收时期

柿果的采收时期依各品种的成熟期及用途不同而有区别，应在果实达到最适宜的成熟度时采收，即当果实达到本品种固有色泽和硬度时为采收适期，过早或过晚都会影响果实质量。作为硬柿供食用，可在着色以后陆续采摘，脱涩后供应市场；用于制柿饼的，宜于果实成熟，果皮颜色由橙转红时采收，一般在霜降前后，此时果实含糖量高，尚未软化，削皮容易，制成的柿饼品质较优；作为软食，当果实呈现该品种固有的色泽、充分成熟后时采收。

### （二）采收方法

不同地区、不同的树冠大小，采收方法不同。有用夹竿折的，有用捞钩折的，有用手摘的，但大体分两种。

**1. 折枝法**

用竹制的夹竿（在顶端从中部劈开，削成楔形，距先端 0.33 m 左右用铁丝缚紧）或铁质的捞钩，将柿果连枝折下。

这种方法常将强壮结果枝顶端的花芽折去，影响翌年产量，也常使二三年生枝折断。但是，折枝后能刺激枝条基部鳞片下的副芽萌发，产生粗壮结果母枝，有利于第三年增产，也便于控制树冠，使结果部位不外移，实际上起到粗放修剪的作用。在采收时注意不要折断二三年生枝条，使结果枝基部的副芽发育为预备枝，与前一年的预备枝错开结果。

**2. 摘果法**

用剪子将柿果逐个剪下。这种方法虽能保留结果枝上的花芽，但结果部位易外移，树势容易衰老，内膛易空虚。若不及时进行回缩修剪，产量便会显著下降，特别是成片栽植的柿园更为显著。此法适用于初果期树及树冠较小的树体上的果实采收，这样既能使结果枝上的花芽结果，又能继续扩大树冠。

采收时，按先冠外、后冠内，先下层、后上层的顺序进行。

摘果时要将果柄一起剪下，保证柿蒂完整无损。初果期树用剪枝剪直接从果枝上剪下果实，盛果期树可先将结果枝带果一起剪下，然后再将果实与枝条分离。

## （三）果实分级

目前尚无“无公害柿果”的国家及行业标准，各地可依据本地的地方标准或市场需求进行分级。

## （四）柿果包装

### 1. 包装材料

包装材料主要有包装箱、衬垫纸、捆扎带等。包装容器应坚固、干燥、清洁卫生、无异味；内外两面无钉头、夹刺或其他尖突物，对柿果应具有充分的保护性能；包装材料及制备标记所用的印色与胶水应对人体无害。

### 2. 包装箱

柿果果皮脆弱，不耐挤压，因此包装容器不宜过深、过大，可选用双瓦楞纸板箱和单瓦楞钙塑板箱为包装容器，一般不用木箱和条筐为包装容器。纸箱外形为对开盖，扁长方形，容量为 10 ～ 15 kg。

### 3. 装箱

要求柿果应层装，并装紧装满，以免果实在容器内晃动；果实放入果箱中不宜放置过多、过厚，一般放置 2 ～ 3 层为宜。装箱时，应柿蒂与柿蒂对放，以防扎伤果皮。同一批货物的包装件应装入品种、等级一致的柿果。

### 4. 标志

包装箱上应明确标明产品名称、品种名称、商标质量等级、果实净重、产地或企业名称、包装日期、产品标准编号、储运注意事项等内容，字迹应清晰、完整，无错别字，具体标注按有关规定执行。

### （五）果实脱涩

柿果涩度主要由可溶性单宁含量决定。单宁细胞数量多少和大小，因品种而异，因此品种间脱涩的难易也不同。此外，果实成熟期、温度等也是影响脱涩的重要因素。

涩柿果实的单宁，绝大多数以可溶性状态存在于单宁细胞内。当人们食用果实时，部分单宁细胞破裂，可溶性单宁溢出，被唾液溶解，感到有强烈的涩味。甜柿果实中的单宁，绝大多数以不溶性状态存在，当人们咬破果实时，单宁不为唾液所溶解，所以不会感到有涩味。脱涩就是将可溶性单宁变为不溶性单宁，而并不是将单宁除去或减少。常用的脱涩方法有以下几种。

**1. 温水脱涩**

将新鲜柿果装入洁净的缸内（容器忌用铁质，以防铁和单宁发生化学变化而影响品质），倒入 40 ～ 45℃的温水淹没柿果，缸口用旧棉被或其他保温材料盖严并保持温度。保温方法因具体条件而不同，可以在容器下边生一个火炉，也可在容器外面用谷糠、麦草等包裹，也可隔一定时间掺入热水。脱涩时间的长短与品种、成熟度高低有关，一般经 1 ～ 2 天即可脱涩。这种方法脱涩的柿果味稍淡，不能久贮，2 ～ 3 天后颜色发褐、变软，不能大规模进行。但脱涩速度快，小规模的柿果脱涩、就地供应时，采用此法较理想。

**2. 冷水脱涩**

将柿果浸泡在冷水中，每天换水 1 次，大约 7 天即可脱涩。

冷水脱涩虽然时间较长，但不用加温，无须特殊设备，果实也较温水脱涩得脆。

**3. 石灰水脱涩**　每 50 kg 柿果，用生石灰 1.5 ～ 2.5 kg。先用少量水把石灰溶化，再加水稀释，水量要淹没柿果。每天轻轻搅拌 1 次，3 ～ 4 天即可脱涩。如能提高水温，则能缩短脱涩时间。用这种方法处理，脱涩后的柿果肉质特别脆。对于刚着色、不太成熟的果实效果特别好。但是脱涩后果实表面附有一层石灰，不太美观，处理不当，也会引起裂果。

**4. $CO_2$ 脱涩**

将柿果装在可以密闭的容器内，容器上下方各设一个小孔。由下方小孔注入高浓度 $CO_2$ 气体，当容器内 $CO_2$ 浓度达 60% 左右时，将上、下孔塞住，封闭 2 ～ 3 天涩味即可消失。果实量少时，可用 HCl 和 NaHCO；反应产生 $CO_2$，果实量多时需用干冰产生 $CO_2$。这种方法需要一定的设备，规模较大，可在城镇购销部门进行。脱涩后，将果实取出放在通风处，让刺激性气体挥发掉后方可食用。

这四种方法柿果脱涩后果实硬度仍较大，但不能久存。

**5. 植物叶脱涩**

将柿果装入底部铺有 10 ～ 12 cm 厚切碎的新鲜马尾松针的容器内，再在上面覆盖 8 ～ 10 cm 厚的马尾松针叶，然后密闭。在一般室温条件下，经 3 ～ 5 天即可脱涩。

**6. 混果脱涩法**

柿果装入缸内，与梨、苹果、沙果、山楂等其他成熟的果实混放在一起，每 50 kg 柿果可放 2.5 ～ 5 kg 其他果实，分层混放，放满后封盖缸口。经 3 ～ 5 天即可软化、脱涩，而且果实色泽艳丽，风味浓厚。

**7. 酒精脱涩法**

把柿果分层装入容器中，每层柿果面均匀地喷适量 35%～45% 的酒精或白酒（1 kg 柿果用酒精或白酒 8～10 mL），装满柿果后密封，置于室温下 5 天左右即可脱涩。脱涩后的柿果呈半软状态。注意酒精不能过多，否则果实容易变褐或有不适的味道。

**8. 自然脱涩**

南方许多地方，果实成熟后不采收，让其继续长在树上，等到软化后再采，吃起来已经不涩。北方常在柿果成熟后采下，经贮藏变软，吃起来也不涩。这种不加任何处理而脱涩的方法称自然脱涩。这种方法需要时间较长，但是自然脱涩的柿果色泽艳丽，味甜。

**9. 乙烯利脱涩**

将柿果放置室内，用 250～500 mg/L 乙烯利喷洒，3～5 天即可脱涩。也可在采前向树上喷洒 250 mg/L 乙烯利，3 天后采收，脱涩效果也很好。这种方法简便有效、成本低廉、规模大小均可，能控制采收时间，调节市场供应。脱涩后的柿果色泽艳丽，无药害。但柿果很快变软，在树上喷布的要及时采收。

后五种方法柿果脱涩后果实会变软。

## 五、柿果的贮运保鲜

随着人们生活水平的提高，对新鲜果蔬在储存、运输和销售中的保鲜以及货架寿命提出了更高的要求。据调查，我国生产的果蔬有 20% 左右因在流通过程中处理不当造成腐败变质而无法食用，这种浪费在柿子上尤为突出。柿子采后常温下极易软化，不利于果实的运输与贮藏。大部分柿果只能在当地鲜销，造成产地柿果供大于求、价格低廉，挫伤了柿农的生产积极性，严重阻碍了我国柿产业的发展。

柿果的贮藏应选用中、晚熟耐贮品种，细心采收，严格剔除病、虫、伤果后再进行贮藏。我国各地依各自气候和地理条件的不同，一般采用以下方法进行贮藏。

**1. 室内堆藏**

选择阴凉、干燥、通气好的窑洞或无人居住的房屋（楼棚），清扫干净，铺一层厚 15 ～ 20 cm 的谷草（或稻草）。

将选好的柿果轻轻地堆放在草上，高 2 ～ 3 层（小果类可适当增加），过厚容易变软、相互挤压损伤而变质。此法在北方可贮至春节前后。

**2. 露天架藏**

选择阴凉、温度变化不大的地方，用木柱搭架。

一般架高 1 m，过低影响空气流通，柿果容易变黑或发霉，过高操作不便。架面大小依贮量多少而定。架上铺箱或玉米秆，上面再铺一层 10 ～ 15 cm 的谷草，把柿果轻轻堆放在草上，厚度不要超过 30 cm，太厚了不通气，柿果容易软化或压破。柿果放好后，再用谷草覆盖保温，使温度变化不致过大。上面设置防雨篷，以免雨雪渗入，引起霉烂。雨篷与草要有一定距离，以利通气。

**3. 自然冷冻贮藏**

在寒冷的北方，将采下的柿果放在冷处，任其冰冻，待冻硬后再放在冷凉处的架上，保持温度在 0℃以下勿解冻，可贮藏至翌年春季。

**4. 速冻贮藏**

将果实先放在 –20℃以下的冷库里，处理 1 ～ 2 昼夜，使果肉充分冻结，然后在 –10℃左右的温度中储存。这样，色泽及风味变化甚少，几乎可以全年供应。

**5. 气体贮藏**

将鲜柿置于密闭的容器中，充入 $CO_2$ 或氮气，减少氧的含量，抑制生命活动，延长储存时间。贮藏过程中，氧的浓度控制在 3%，$CO_2$ 浓度为 20% ～ 25%，其余为氮气，可储存 2 ～ 4 个月，使果实保持脆、硬、不变色。气体贮藏时，要注意经常调节气体浓度，不能忽高忽低；保持一定的湿度，使果实不皱缩，但湿度也不能过大。湿度过大，不耐贮藏，可用生石灰、氯化钾等作吸湿剂；贮藏期温度控制在 2 ～ 8℃。

**6、真空包装保鲜技术和 chitisan 涂膜技术**

该技术是新兴的保鲜技术，热处理与其他贮藏手段结合使用也是今后发展的方向，将热处理、冷藏、涂膜、气调贮藏、保鲜包装等方法结合使用，将是今后果蔬贮藏保鲜的主要手段。日本采用 LDPE 塑料薄膜小包装高效冷藏技术，可保鲜柿子达 6 个月之久。罗自生研究表明，柿子在低于 4℃下贮藏 20 天后移到常温下容易出现冷害症状，适当的热处理能减轻柿子低温贮藏时引起的冷害，其中以 48℃热空气处理 3 小时和 44℃热空气处理 4 小时的效果最佳。低温下（0 ～ 4℃）0.08 mmLDPE 塑料薄膜包装对于“次郎”甜柿子可以保鲜 90 天，chitosan 涂膜能够改善柿子的外观，但对柿子的保鲜不如对照。

## 六、柿饼加工

柿饼是我国的传统加工品，销路广，加工工序一般有原料处理、干燥和出霜等三个过程。

### （一）原料处理

#### 1. 选择优良品种

选择果实大、形状整齐，果顶平坦或稍突起，无纵沟和釜痕，含糖量高，含水量适中，无核或少核的品种。

#### 2. 适时采收

柿饼品质与果实成熟度有关。不成熟的柿果不易脱涩和软化，制成的柿饼味淡，干硬不透明，出饼率低，柿霜少；过熟的柿果，肉质柔软，刮皮困难，晾晒时易霉烂。为提高柿饼品质，宜在果实充分成熟、果皮橙红、果肉尚坚硬时采收。采回后将烂果、软果和病虫果剔除，再按大小分开。

#### 3. 刮皮

先摘去萼片，剪掉果柄（挂晒用的柿果需留拐把，即将结果枝在果柄上下各留 1 cm）。再用剃刀或小型刨刀自顶部向蒂部薄薄地刮去霜皮，不能留顶皮、花皮，仅留柿蒂周围 1 cm 宽的果。

### （二）干燥

使果实内的水分蒸发，同时伴随着果实脱涩和软化。干燥方法主要有两种。

#### 1. 日晒法

利用太阳光自然晒干，为制作柿饼最经济的方法。

如果秋季柿成熟期多晴天，则柿果可以迅速干燥，柿饼品质佳。日晒法制柿饼，需要当地秋季干燥少雨而多阳光。我国华北或西北气候极干燥，秋高气爽，阴雨较少，为日晒法制柿饼的适宜地区。晒场应选在地势宽敞、空气流通、阳光充足的地方，搭高 1 m 左右的晒架，上铺竹泊、芦帘或高粱秸泊，将已削皮的柿果，果顶朝上摊放在上面晾晒，果与果之间不宜接触，并要经常翻动，使各部分均匀接受阳光，迅速干燥。晴天夜间用草席覆盖，雨天收入室内。也可搭高 3 m 左右的晒架，将刮皮后带有“拐把”的柿果，逐个夹在松散的绳上，分别挂在架上晾晒，两串果之间应留一定距离，以利通风，在干燥期中应将柿串反转 1 ～ 2 次，使干燥均一。晴天夜间亦需收入室内，以免雨淋。晾晒 3 ～ 4 天后，果面发白结皮、果肉微发软时，轻轻捏揉果实中部，挤伤果肉，促进软化、脱涩，加速水分扩散，缩短晾晒时间。捏时用力不要太重，以免捏破影响外观。隔 2 ～ 3 天，果面干燥出现皱纹时捏第二遍，捏时将果肉硬块全部捏碎，捏散心室。再隔 2 ～ 3 天，果面再次干燥出现粗大皱折时捏第三遍，将髓（果心）自茎部捏断，使果顶不再收缩，有核的品种要将核挤出。一般捏揉三遍即可，每次捏揉时间最好选晴天或有风的清晨。捏揉时应结合整形，一种是横向捏扁成圆饼形，另一种是纵向捏扁成桃形。应随果整形，长形果以纵向捏扁为宜，扁形果则横向捏扁较好。

当晒至柿蒂周围剩下的果皮发干，其他各部分内外软硬一致、且稍有弹性时，便可收集出霜。

2. 人工干燥

人为创造温暖、干燥、通风良好的环境，以加速柿果的干燥，目前多采用烘烤的方法。将刮皮后的柿果，整齐排列在烤筛上，果顶朝上，稍留空隙，放在烤房内的架上；也可夹在绳上，悬挂在烤房内。烤房内柿果装好后，即可加火升温。开始时房内温度不能太高，以 35 ～ 40℃为宜，以利于柿果脱涩。等脱涩以后温度可升高到 50 ～ 55℃，加速水分蒸发。后期由于果实内水分减少，扩散减慢，烤房温度要降到40℃以下，以免出现“硬壳”“渗糖”等现象。

在烘烤的同时应注意通风换气，前期湿度大，应开大通风口，以后随着湿度减小而逐渐关闭。烘烤中也要及时捏揉，方法与日晒法相同，但间隔时间要短。由于烤房内温度分布不均匀，在捏揉的同时应调换烤筛的位置，以使果实干燥均匀；当烘烤到软硬一致且有弹性时，便可取出，准备出霜。烘烤时间一般为 2 ～ 5 天。为了避免柿饼出现涩味，可将果实先晒 3 ～ 5 天，待完成脱涩以后再进行烘烤。

人工干燥的特点是加工场地小，时间短，不受天气影响，产品干净卫生，加工品质也很好，适于加工季节经常遇雨的地区采用。

### （三）揉捏

这是富平柿饼加工过程中获得最佳口感和成型的关键步骤。三遍揉捏的时间点必须严格把控，这也就是同样是富平柿饼，有的口感比较涩或者口感差别很大的地方。

**1. 头遍捏心**

经过 3 ～ 5 天的晾晒，表面发白后进行第一次揉捏，这次揉捏主要是将果肉捏伤，打破其固有的果肉形态，促进软化，脱涩，果肉内部水分向外扩散。

### 2. 二遍捏块

再晾晒至表面起皱时，捏第二遍。这次将果肉内硬块全部捏碎，达到干燥均匀，色泽一致。这一遍很关键，较第一遍揉捏力度更大。

### 3. 三遍揉捏

再晾晒至表面起皱时，捏第三遍。这次在柿蒂下捏断果心，也就是柿子根部，并将果子地下轻轻推上，给柿饼成型打好基础。

## （四）出霜

柿霜是柿饼中的糖分渗出果面，凝结而成的白色固体，其主要成分为甘露糖醇、葡萄糖和果糖。

出霜需要两个步骤，一是柿饼中的糖分溶解在水中，随着水分扩散至果实表面；二是水分蒸发，留下糖分凝结成固体。这两个步骤各需一定的条件，第一步需要在较密闭的环境中进行，常采用堆捂的方法；第二步需要有冷凉干燥的环境，一般是晾摊在通风处。

### 1. 堆捂

将晒成的柿饼装入缸内、箱内或堆在板上，厚40～50 cm，用麻袋、塑料布等盖住，过4～5天，柿饼回软后，糖分即可随水分渗出，在有风的早晨取出，在通风处堆晾，果面吹干后便有柿霜出来。

### 2. 晾摊

将堆捂后的柿饼晾在冷凉干燥的环境中，待果面干燥后再堆捂，过几天再晾摊。晾摊能提早出霜，晾摊的次数越多，霜出得越快、越好；只堆捂不晾摊，虽然也能出霜，但需要时间较长。

### （五）分级与包装

柿饼制成后，先按相关标准进行分级。将大小、形状、色泽一致的柿饼用符合食品卫生要求的塑料袋或塑料小包装盒进行包装，外用小包装纸盒，再置于外包装容器内。外包装容器应当坚实、牢固、干燥、洁净、无异味，可选用双瓦楞纸板箱或单瓦楞钙塑板箱。

可放入贮藏箱中贮藏，注意不能使柿饼互相接触，最后加盖密闭，将贮藏箱放在冷凉处。干燥的程度依贮藏期的长短而决定，长期贮藏时，如不能充分干燥，则贮藏期中果实质、色、味可能变差；但干燥过度，果肉硬化，风味也降低。

# 第六章

# 柿主要病虫害无公害防控

柿树病虫害无公害防控必须贯彻“预防为主，综合防治”的森保方针，它是“以林果为对象，无公害林果培育为基础，以科学、准确、完整的预测预报为基础，优先采用农业和生物防治措施，科学施用高效、低毒、低残毒、对天敌杀伤力轻的生物农药和化学农药，协调农业防治、生物防治、化学防治、物理防治等各项防治技术，发挥综合效益，把病虫害控制在经济允许水平以下，并保证林果果实产品中农药残留量低于国家允许标准”的无农药污染的林果病虫害综合防治技术体系。

## 一、主要病虫害无公害防治原则

**1. 预防为主，综合防治**

这是我国植保工作的一贯方针，也是生产无公害农产品的重要指导思想之一。

**2. 控制环境，减少用药次数**

许多病虫害的发生及危害要求特定的环境条件，如黄瓜霜霉病在高湿条件下危害严重且易暴发流行，保护地蔬菜灰霉病在连续阴天时容易大发生等。所以，根据具体病虫害的发生特点，创造不利于其发生和危害的环境条件，可限制许多病虫害的发生，从而减少用药次数，降低农药残留与污染，保护生态平衡，有利于生产无公害农产品。

**3. 充分利用农业综合措施减少病虫发生**

利用农业综合措施防治病虫害，是最古老、最经济、最有效的一类防治方法。目前在生产上常用的农业综合防治措施有：搞好田园卫生，清除遭受病虫危害的农作物残体；高垄栽培，防止水传病害；剪除病虫危害过的作物残体，防止扩大危害；及时通风降湿，控制病害发生；地膜覆盖，降低环境湿度；合理施肥浇水，提高植株抗病能力；果实套袋，防止病虫危害；合理轮作倒茬；选用抗病品种；使用无病毒苗木等。

**4. 不宜见病虫就用药**

在各种作物生长发育过程中，都会不同程度地发生多种虫害或病害，但对人类经济活动真正造成较大损害或损失的病虫害只有少数种类，对于那些对农业生产基本没有影响的害虫或病害，虽然生产中时有发生，但并不需要用药防治，从生态系统的角度来说，“和平共处”是最好的选择。而对于那些对农业生产会造成较大或重大损失的害虫或病害，就应当重点防治。也就是说，防治病虫危害是指防治那些对人类活动会造成显著经济损失的害虫或病害。

**5. 防治主要病虫害，兼治次要病虫害**

在作物的生长发育阶段，可能同时或先后有不同程度的多种病害或虫害发生，但在防治时不能眉毛胡子一起抓，要善于抓住主要病害或害虫种类，集中力量解决对生产危害最大的病虫害问题，对次要病虫害则要考虑兼治；同时还要密切注意次要病害或害虫的发展动态和变化，有计划、有步骤地适时防治一些较为次要的病虫害。例如，果树休眠期防治的中心任务是消除越冬的病源和虫源，主要措施是搞好果园卫生；果园展叶开花期应着重防治病害的初侵染和害虫的始发，中国农业网采取的具体措施和选用的药剂种类、药剂浓度、用药时机等，应主要针对当年可能严重发生的病害及害虫，而且要尽量兼顾防治其他病虫害；结果期至成熟采收期，以保证果实正常生长发育为主，主要措施以保果为中心，兼顾保叶。另外，不同环境或气候条件下的病虫害防治重点也不相同，如防治苹果早期落叶病，在沿海地区的果区以防治斑点落叶病为主，而在陕西果区则以防治褐斑病为主。

**6. 抓住关键防治时期防治**

常见种植作物一般都有比较明确的、需要重点防治的病虫害，应根据不同病虫害的发生发展规律，按照“预防为主，综合防治”的植保方针，抓住不同病虫害的关键防治时期进行重点防治，以收到事半功倍的防治效果。如防治保护地蔬菜灰霉病，若遇连续两天阴天，则应立即喷药防治；防治黄瓜霜霉病，应以发病前预防为主，避免病害蔓延；防治梨黄粉蚜为害，一方面要在树体萌芽前均匀周到地喷药，另一方面在树体生长期要及时采用淋洗式喷药防治，防止黄粉蚜为害果实；苹果病虫害的防治原则应为“春重、夏紧、秋松”等。

**7. 适当发挥农药助剂的作用**

许多害虫身体表面及植物表面常带有一层蜡粉或蜡质层，一般药液很难附着其上，致使药剂防治效果多不理想。因此，为提高药剂的防治效果，应适当在药液中加入一定浓度的农药助剂，以便降低药液表面张力，提高药液的附着能力，充分发挥药效。黄瓜种植栽培技术如在防治介壳虫类及白粉虱、蟒类等害虫时，或在果树休眠期喷药防治病虫时，或在防治甘蓝类病虫害时，若在药液中加入助杀、农药展着剂等农药助剂，均可显著提高相应药剂的防治效果。

**8. 选用低毒、低残留农药**

目前，我国无公害农产品生产已在各地大力推广。无公害农产品生产，重点应解决农药污染和农药残留问题。也就是说，使用化学药剂防治病虫害时，必须充分考虑农药的污染与残留因素，通过减少用药次数和严格选用低毒、低残留的安全农药，以确保生产出优质无公害农产品。

## 二、无公害生产中农药的使用

无公害果品生产过程中的用药安全，不仅要从生产需要环节考虑，同时也要从病虫的发生规律、生长规律，根据不同药品相互关系等各项因素，最后确定安全用药的方法。总之，无公害果品生产中病虫害防治不能单单依靠化学药剂，需要我们引起注意及推广的，应该是化学防治与预防、生物防治相结合。

柿树的安全用药是为了有效控制农药对果品的污染，生产优质、无公害的果品。农药使用应遵循以下原则：

### （一）无公害果品生产环节对农药使用限制

农药按毒性分为高、中、低毒三类。无公害果品生产中，禁用高毒、高残留及致畸、致癌、致突变农药，有节制地使用中毒低残留农药，先采用低毒、低残留或无污染农药。

**1. 禁用农药品种**

有机磷类高毒品种有：对硫磷、甲基对硫磷、久效磷、甲胺磷等；氨基甲酸酯类高毒品种有：灭多威、呋喃丹等；有机氯类高毒高残留品种有：六六六、滴滴涕、三氯杀螨醇；有机砷类高残留致病品种有福美砷、砷酸铅等；二甲基甲脒慢性中毒致癌品种有：杀虫脒；具连续中毒及慢性中毒的氟制剂有：氟化钙、氟乙酰胺等。

**2. 有节制使用中等毒性的农药品种**

拟除虫菊酯类：功夫、灭扫利、天王星、来福灵等；有机磷类：敌敌畏、二溴磷、乐斯本、扫螨净等。

**3. 优先采用的农药品种**

植物源类制剂：除虫菊、苦楝油乳剂、松脂合剂等。微生物源制剂（活体）：Bt 制剂、白僵菌制剂。

农用抗生菌类：阿维菌素、浏阳霉素、四环素、土霉素等。

昆虫生长调节剂：灭幼脲、定虫隆、氟铃脲、扑虱灵，卡死克等。

性诱剂：桃小及枣黏虫性诱剂等。

矿物源制剂与配制剂：波尔多液、石硫合剂等。

人工合成的低毒、低残留化学农药：多菌灵、扑海因、百菌清、菌毒清、中性洗衣粉等。

## （二）正确使用农药

**1. 严格按产品说明书使用农药：**包括农药使用浓度、使用条件（水的 pH 值、温度等）、防治对象、残留期及安全间隔期等。

**2. 保证农药的喷施质量：**一般情况下，在清晨至上午

10：00前和下午4：00至傍晚用药，可在树体保留较长作用时间，对人和作物较为安全，而在气温较高的中午用药则多易产生药害和人员中毒现象，且农药挥发速度快，杀虫时间较短。还要做到树体各部位均匀着药，特别是叶片背面、果面等易受害虫危害的部位。

3. **交替使用农药：** 同一生长季节单纯或多次使用同种或同类农药时，病虫的抗药性明显提高，既降低了防治效果，又增加损失程度。

必须与其他类别的农药交替使用，以延长农药使用寿命和提高防治效果，减轻污染程度。

4. **严格执行安全用药标准：** 无公害果品采收前20天停止用药，要保证果实农药残留量符合国家标准。

5. **据病虫测报用药：** 要根据气候、天敌数量和种类、病虫害发生基数及速度等进行病虫测报，在病虫害发生时，能用其他无公害手段控制时，尽量不采用化学合成农药防治或在危害盛期有选择用药，以综合防治来减少用药。

## 三、主要病虫害综合防治途径

柿树病虫害的种类较多，单靠农药防治往往事倍功半，还会对土壤及果实造成污染。因此，在柿树病虫害防治中，应从生态学的整体观念出发，采用人工防治、物理防治、检疫措施、农业栽培措施防治、生物防治及化学防治，把病虫控制在经济受害水平之下，达到高产、稳产、优质、无公害的目的。

1. **人工防治：** 人工防治是传统的、行之有效的病虫害防治方法，包括生长季防治及落叶后防治。生长季防治可结合夏季修剪进行，及时疏除病梢、病叶、病果并集中销毁。对一些害虫如天牛、金龟子等也可进行人工捕捉，还可在树干上缚草把诱虫，绑塑料裙、贴胶带阻止草履蚧上树，以防病虫害蔓延为害。落叶后防治主要是清理果园，通常在落叶后至萌芽前进行。结合修剪，将园内的枯枝、落叶、病果、树干及大枝上的翘皮、杂草等清除出果园烧掉或深埋，以压低病虫害侵染源的发生基数。此项措施防治病虫效果显著，是无公害栽培的重要内容。

2. **检疫防治：**是"预防为主、综合防治"的重要措施之一。

世界上每个国家和地区都有严格的检疫制度，将对生产构成重大威胁的病虫列为检疫对象，以防止危险性的病源和害虫进入未曾发生的新区。对进出口和国内地区间调运的种子、种条、苗木、砧木、果品、木材等进行现场或产地检疫，严禁从病区调运已经感病或携带病原、害虫的上述材料。美国白蛾等均为我国的主要检疫对象。

3. **物理防治：**根据病原对温度的承受能力和昆虫的习性所采取的物理方法防治病虫害，称为物理防治。如利用病毒不耐高温的特点对柿树的幼嫩组织进行热处理，就可以脱除部分病毒。利用害虫的趋光性，在园内安装杀虫灯，以光诱杀趋光性害虫的成虫，对鳞翅目、鞘翅目、双翅目、半翅目、直翅目害虫的成虫都有良好的诱杀效果。对于有趋化性的害虫，还可以利用糖醋液诱杀、性外激素诱杀等方法消灭害虫。

另外，套袋栽培可以对果实起到保护作用，果实不直接沾染药液，不受雨水冲刷，减少了病菌侵染和感病后的再侵染，而且可以防止日灼和鸟害，提高果面光洁度，使果面着色鲜亮美观，是一项一举多得的物理方法。

4. **农业栽培措施防治：** 农业防治是通过一系列的栽培管理技术，有目的地创造有利于柿树生长发育的环境条件，使树体生长健壮，提高抗病虫的能力；另一方面，创造不利于病虫发生、繁衍的环境条件，减轻病虫害的发生程度。

（1）选用抗病虫品种和砧木。柿疯病是一种未知病原的重要病害，不同的柿树品种对其抗性不同，绵柿易感病，而磨盘柿则很少染病。由此选用抗病虫的品种和砧木，是农业栽培措施防治的重要内容之一。

（2）合理修剪，调节负载量。应按照不同品种的生长结果习性及不同的树形和树体结构进行整形修剪，逐步加强生长季的修剪，使枝条分布均匀，造成良好的通风透光条件，促进树体生长健壮，防止病虫害发生。

（3）耕作制度与肥水管理。根据柿产区不同的土壤、气候条件，因地制宜地建立合理的土壤耕作制度和肥水管理制度。如深翻扩穴，刨树盘，客土改土，树盘覆草，树下生草，增施有机肥等，改良土壤的理化结构，增强土壤的透气性。干旱少雨的地区要注意灌溉，降水量充沛的地区和季节要注意排水，以防洪涝灾害带来的损失。使土壤含水量保持在70%左右。施肥时提倡以有机肥为主，配合施用化肥，为柿树创造一个良好的生长发育条件，使树体生长健壮，增强抗病虫能力。

5. **化学防治：** 尽管化学防治有许多弊端，但目前仍是果树病虫害最有效的控制手段。其特点是方法简单、速度快、效果好、便于机械化作业。对于病虫害发生面积大、蔓延快、使用其他方法难以控制，为害程度严重并对生产构成重大威胁的情况下，采用化学防治会收到良好的效果。在选择农药时应遵循以下几点：

（1）保护天敌、减少污染。要遵守生产无公害果品的用药原则，尽量使用生物源、矿物源农药，以保护天敌，避免对环境和果实造成污染。

（2）对症施药。根据病虫害发生的种类选定农药，最有效的办法是根据病虫预测预报或历年发生规律，按照“防重于治”的原则，在病虫害发生之前喷布保护剂，以有效地预防病虫害的发生。

（3）交替用药。为防止长期使用一种农药病虫易产生抗药性问题，在选择农药时，应选择几种作用和机理不同的农药交替使用。如杀虫剂中的拟除虫菊酯、氨基甲酸酯、生物农药等几类农药可以交替使用。

（4）农药混合使用。在生长季节，多种病虫害交叉发生的，为提高防治效果，可将杀虫剂和杀菌剂混合使用，还可混进叶面肥（如尿素、磷酸二氢钾），既可杀虫，又能防病，并有叶面喷肥功能。

（5）提高喷药质量。配药浓度要准确，喷药时间要科学。夏天气温高，晴天喷药时间应在上午 10 时以前、下午 4 时以后，以防药液中水分蒸发快，浓度迅速增高而发生药害。另外，喷药要周到，不能留死角，力求防治彻底。

6. **生物防治：**生物防治目前多侧重于控制害虫，利用自然界捕食性或寄生性天敌，联合对植食性害虫进行捕杀，减少了农药使用次数，降低了农药污染，农业生态环境大为改善，降低了防治成本，对无公害果品的生产有十分重要的意义。

自然界天敌资源非常丰富，每种害虫或螨类都有特定的天敌，这些天敌对控制害虫种群数量的发展起着重要的作用。如黑缘瓢虫是介壳虫的天敌，而深点食螨瓢虫，一生中可捕食害螨数千头。据报道，我国天敌昆虫有700多种，还有一些以害虫为食的益鸟。

## 四、主要病害及无公害防治

### 1. 柿炭疽病

柿炭疽病是由柿盘长孢菌侵染所引起的、发生在柿上的一种病害。柿炭疽病是柿树生产上的毁灭性灾害，主要危害柿果实和嫩枝，造成果实腐烂，枝条枯死导致树体整株死亡，还能危害贮藏期柿果实。

（1）症状　柿炭疽病对新梢危害较严重，一般在5月下旬至6月上旬发病，初期为黑色小圆点，扩大后呈长椭圆形，病斑黑色，表面凹陷开裂，上散生黑色小粒点，遇潮湿时涌现出粉红色黏状物质—分生孢子团。病斑长10～20 mm，病斑下木质部腐朽，严重时病斑上部枝条枯死。没有枯死的病梢长成多年生枝后，病部呈扁棱状，故俗称棱病。果实多从6下旬至7月上旬开始发病，可一直延续到采收期。开始发病时只有针头大小的深褐色或黑色小斑点，逐渐扩大为圆形病斑，直径达5 mm以上时，病斑凹陷，中部密生略呈轮纹状排列的灰色至黑色小粒点，即病菌的分生孢子盘。遇雨或高湿条件时，分生孢子盘溢出粉红色黏质的孢子团。病斑深入皮层以下，果肉形成黑色硬块，有时开裂。一个病果上一般有1～2个病斑，多则可达十余个，造成烘柿，提早脱落。

（2）病原　为柿盘长孢菌（*Gloeosporium kaki* Hori.），

属半知菌亚门真菌。病斑上出现的黑色小粒点为病菌的分生孢子盘，盘上聚生分生孢子梗，分生孢子梗顶端着生分生孢子。病菌发育最适温度为25℃，最低9℃，最高36℃，致死温度50℃（10 min）。

（3）发病规律　病原菌主要在枝梢病斑中越冬，也可在病果叶痕和冬芽中越冬。翌年初夏产生分生孢子，进行初次侵染。分生孢子借风雨和昆虫传播，侵害新梢及幼果。病菌可以从伤口、幼嫩表皮侵入。由伤口侵入潜育期3～6天，由表皮直接侵入潜育期5～10天。可重复侵染，通常一个季节可造成多次侵染。一般年份枝梢在6月上旬开始发病，雨季为发病盛期，后期秋梢可继续发病。果实多自6月下旬发病，7月中下旬即可见到病果脱落，直到采收期果实不断受害。柿炭疽病菌喜温暖高湿天气，雨后温度升高，易出现发病高峰。病害消长与降水量密切相关。同时病害的发生也与树势、树龄有关。管理粗放、树势衰弱、通风不良的柿园容易发病；10年生以下的幼龄柿树及苗木受害较为严重，10年生以上的柿树，一般除果实受害外，新梢基本不发病。

柿炭疽病较难防治，原因有以下几点：一是发病时间长（4～10月）；二是病原菌在病疤中存活时间长（6年以上）；三是病疤上病原菌用一般药物不易杀死，当前还没有一喷即可杀死所有病原菌的理想药物；四是危害面广（枝、叶、果、芽都可染病）；五是病原菌潜伏时间短（5～10天），发病速度快；六是枝梢上部病疤初期症状不明显，不易发现。

（4）防治办法　①优化柿园环境，及时中耕除草，改善柿园通风透光条件，降低柿园空气湿度，阻止病原菌的传播蔓延。②加强土、肥、水管理，实行全营养平衡施肥技术。

幼龄柿园要注意适量控制氮肥用量，也可使用生长调节剂，控制营养生长，重视有机肥及中微量元素肥的施入，增强树势，提高树体抗病能力，降低树体感病率。③在柿树休眠期彻底清扫落叶、剪除病枝、柿蒂和僵果，清理出的枯枝等集中烧毁或深埋，减少病原菌基数。④苗木消毒。建园时应选无病苗木。定植前可用 1 ∶ 3 ∶ 80 的波尔多液或 7 波美度的石硫合剂对苗木进行喷雾消毒，以防病原菌带入园内。⑤开春后至 4 月底前，彻底刮治老病疤，并及时涂抹甲基硫菌灵等保护剂。⑥桥接。及时桥接是挽救主干染病柿树的有效措施。一年当中柿树生长期均可进行桥接，最佳时期为 3 月下旬至 4 月底。⑦药剂防治：柿树春季芽体萌动时全园喷 5 波美度的石硫合剂，严重时 11 月再喷 1 次 5 ～ 7 波美度的石硫合剂。从 5 月中下旬至 10 月上旬，降水量大时每 10 ～ 15 天喷 1 次 22.7% 二氰蒽醌 800 倍液（或溴菌腈 (1 500 倍液）+ 益微芽孢杆菌 1 500 倍液 + 有机硅助剂 3 000 倍液或 0.3 ～ 0.5 波美度的石硫合剂（气温超过 32℃时禁用）等。干旱少雨时可适当减少喷药次数。喷药时间最好在雨前或刚雨过天晴时。

⑧发病季节要及时剪除病枝、摘除病果并带出柿园集中烧毁或深埋。

**2. 柿圆斑病**

柿圆斑病，俗称柿子烘。在各地均有发生，但以地势低凹、通风不良、湿度较大、管理粗放的柿园发病较重。发病后造成柿树早期落叶，柿果提前变红、变软脱落，对树势、产量影响较大。

（1）症状　柿圆斑病主要危害叶片，也能危害柿蒂。在叶片上，初期产生圆形小斑点，正面浅褐色，无明显边缘，之后病斑转为深褐色，中心色浅，外围有黑色边缘。病斑较小，多数病斑直径为 2 ～ 3 mm，个别 1 mm 以下，有的 5 mm 以上。病叶上通常病斑数量较多，一般 100 ～ 200 个，有的多达 500 个以上。发病后期在叶背可出现黑色小粒点。发病严重时，病叶在 5 ～ 7 天即可变红脱落，仅留柿果，接着柿果也逐渐变红、变软，相继大量脱落。柿蒂上的病斑圆形、褐色，出现时间晚于叶片，病斑一般也较小。

（2）病原　为柿叶球腔菌（*Mycosphaerella nawae* Hiura et Ikata.），属子囊菌亚门真菌。病斑背面长出的小黑点即病菌的子囊。菌丝发育适温 20 ～ 25℃，最高 35℃，最低 10℃。

（3）发病规律　病原菌以未成熟的子囊果在病叶上越冬。翌年子囊果成熟后，子囊孢子在 6 月中旬至 7 月上旬大量飞散，经叶片气孔侵入，潜育期长达 60 ～ 100 天。田间一般在 8 ～ 9 月开始出现病斑，9 月底病害发展最快，10 月中旬以后逐渐停止。此病菌每年只有 1 次侵染过程。柿圆斑病发病早晚、危害程度与侵染期的雨量、湿度密切相关，一般上年病叶多，当年 6 ～ 8 月雨水多、温度低时，此病将严重发生。此外立地条件差，通风透光不良，柿园湿度较大，树势衰弱的田块发病较重。

（4）防治办法　①秋末至翌年春季，彻底消除落叶并集中烧毁或深埋，可大大减少病源。②春季柿树芽体萌动期全园喷一次 5 波美度的石硫合剂。③在病原菌侵染前及侵染期，即 6 月中旬至 7 月上旬，根据降水量及上一年发病情况树冠喷药 2 次左右。所用药剂为 1 ∶（2 ～ 5）∶ 600 倍波尔多液或 65% 代森锌可湿性粉剂 500 ～ 800 倍液或 0.3 ～ 0.5 波美度的石硫合剂等药剂。④加强栽培管理，增强树势，提高树体抗病能力；合理灌水，及时中耕除草，降低柿园空气湿度。

**3. 柿角斑病**

柿角斑病常发生于君迁子苗圃、低洼地带的柿园及管理粗放的柿园。发病严重时，可造成柿树早期落叶、落果，对树势和产量影响较大。

（1）症状　柿角斑病主要危害叶片与柿蒂。叶片受害初期在正面出现黄绿色病斑，形状不规则，边缘较模糊，斑内叶脉变黑色。随着病斑的扩展，颜色逐渐加深，呈浅黑色，以后中部颜色褪为浅褐色。病斑在扩展过程中由于受叶脉限制，最后多呈多角形，其上密生黑色绒状小黑粒点，有明显黑色边缘。病斑自出现至定形约需 1 个月；病斑背面开始时呈淡黄色，以后颜色逐渐加深，最后成为褐色，亦有黑色边缘，但不及正面明显，黑色小粒点也较正面稀少。病斑直径 2 ～ 8 mm。柿蒂染病，病斑发生在蒂的四角，呈淡褐色至深褐色，边缘黑色或不明显，形状不定，由柿蒂的尖端向内扩展。病斑两面均产生黑色绒状小粒点，但以背面较多。柿角斑病发病严重时，采收前 1 个月即大量落叶。落叶后，柿果变软，相继脱落。落果时，病蒂大多残留在树上。早期落叶造成枝条发育不充实，冬季易受冻枯死。

（2）病原　为柿尾孢（*Cercospora kaki* Eill.et Ev.），属半知菌亚门真菌。病菌发育最适温度为 30℃左右，最高 40℃，最低 10℃。人工培养时，最适 pH 为 4.9 ～ 6.2。

（3）发病规律　柿角斑病菌以菌丝体在病蒂及病叶中越冬。第二年环境条件适宜时，产生大量分生孢子，通过风雨传播，进行初次侵染。对结果大树而言，落叶、落蒂不是主要的初侵染来源，而挂在树上的病蒂则是主要的初侵染来源和传播中心。在病害的侵染循环中占有重要的地位。病蒂能在树上存在 2 ～ 3 年，病菌在病蒂上能存活 3 年以上。一般每年在 6 ～ 7 月越冬病蒂开始大量产生分生孢子，经风雨传播，从气孔侵入，潜育期 25 ～ 38 天，到 8 月初开始发病。发病严重时 9 月即大量落叶、落果。当年病斑上产生的分生孢子，虽在适宜条件下亦可进行再侵染，但是由于该病的潜育期较长，再侵染一般不会引起此病大量发生，柿角斑病发病的早晚和病情的轻重与雨季的早晚和雨量的大小密切相关。5 ～ 8 月雨日多、雨量大时发病早而严重，9 月可造成大量落叶、落果。柿叶的抗病力因叶发育阶段不同而异。幼叶不易受侵染；在同一枝条上，顶部叶不易受侵染而下部叶易受侵染。相对湿度高的地方易发病，且发病早而严重。病蒂多的树发病早而严重；靠近君迁子的柿树发病较重；君迁子苗最易染病。

（4）防治办法　①清除挂在树上的病蒂是减少病原菌的主要措施。只要彻底摘除柿蒂，即可避免此病成灾。②春季柿树芽体萌动时，树冠喷一次 5 波美度的石硫合剂。③喷药时间：6 月中旬至 7 月下旬即落花后 20 ～ 30 天，过早过晚都会造成不良影响。树冠喷药 2 ～ 3 次，每次间隔时间 7 ～ 10 天，可采用 65% 代森锌可湿性粉剂 500 ～ 800 倍液或 0.3 ～ 0.5 波美度的石硫合剂等药剂。④避免柿树与君迁子混栽。⑤增强树势，提高树体抗病能力。及时中耕除草，降低柿园湿度，阻止病原菌的传播蔓延。

**4. 柿煤污病**

柿煤污病是一种常见病害，主要侵害柿树的叶片和果实，严重影响了柿农的种植效益。

（1）症状　在柿树的叶片、果实和枝条上，布满一层黑色煤状物，影响果树的光合作用。致使树势衰弱，严重影响产量及品质，甚至绝收。

（2）病原为（*Capnodium* sp.），属半知菌业门真菌。以菌丝在病叶、病枝等上越冬。龟蜡蚧的幼虫大量发生后，以其排泄出的黏液和分泌物为营养，诱发煤污病菌大量繁殖，6 月下旬至 9 月上旬是龟蜡蚧的为害盛期. 此时高温、高湿有利于此病的发生。

（3）发病规律　黑色的煤状物是由龟蜡阶等介壳虫发生量大时，其排出的黏液，在高湿环境下诱发柿病病菌大量繁殖所致。此病菌在病叶、病枝上过冬。黑色煤状物能被暴雨冲洗掉。

（4）防治办法　冬季清除果园内落叶、病果、剪除树上的徒长枝，集中烧毁，减少病虫越冬基数；疏除徒长枝、背上枝、过密枝，使树冠通风透光，同时注意除草和排水。柿树煤烟病是柿绵阶为害后所分泌的黏稠蜜液滋生病菌后所诱发的，防治柿树煤烟病必须连同柿绵一起防治，杀灭柿绵蚧，才有好的防治效果。发病初期药剂防治，可选用下列药剂：77% 氢氧化铜可湿胜粉剂 500 倍液；70% 甲基硫菌灵可湿性粉剂 1 000 倍液 +80% 代森锰锌可湿性粉剂 800 倍液；10% 多氧霉素可湿性粉剂 1 000 ～ 1 500 倍液；50% 苯菌灵可湿性粉剂 1 500 倍液；50% 乙烯菌核利可湿性粉剂 1 200 倍液等。在降雨量多、雾露日多的平原、滨海果园以及通风不良的山沟果园，间隔 10 ～ 15 天，喷药 2 ～ 3 次。

**5. 柿癌肿病**

柿癌肿病在柿园偶有发生，管理粗放的柿园发病较为严重。柿癌肿病又名根头癌肿病、冠瘿病。寄主植物有桃、樱桃、李、杏、葡萄、苹果、梨、柿、核桃等。感病后使植物长势变弱，生长迟缓，产量减少，寿命缩短，甚至引起树体死亡，严重影响果品质量，一些重茬苗圃育苗，发病株率常在 20% 以上。

（1）症状　主要发生在根颈部，也发生在侧根和支根、嫁接伤口处等。在根上形成大小不一的癌瘤，初期幼嫩，后期癌瘤木质化。木质寄主上根癌瘤大而硬，多木质化。癌瘤多为球形或扁球形，1 株树少则 1 ～ 2 个癌瘤，多的 10 多个不等。癌瘤大小差异很大，小的如豆粒，大的如核桃和拳头，大的直径可达 10 cm 以上。初期乳白色或略带红色，柔软，后期变为褐色、深褐色，木质化坚硬，表面粗糙、凹凸不平。在柿树枝干表面呈大小不规则癌瘤。

（2）病原为根癌土壤杆菌（*Agrobacterium tumefacines*），一种短杆状细菌，单生或链生，大小为（1 ～ 3）μm ×（04 ～ 0.8）μm，具 1 ～ 6 根周生鞭毛，有荚膜，无芽孢，革兰氏阴性菌；在琼脂培养基上菌落为白色，圆形、光亮、透明，在液体培养液中微呈云状浑浊，表面有一层薄膜。不能使明胶液化，不能分解淀粉。发育最适温度为 25 ～ 28℃，最高温度 37℃，最低温度 0℃。致死温度 51℃（10 分钟）。发育 pH7.3，能在 pH 为 5.7 ～ 9.2 的条件下存活。

（3）发病规律　病原菌在癌瘤组织的皮层内过冬，或在癌瘤破裂脱皮时进入土壤中越冬。细菌在土壤中存活 2 年以下，雨水和灌溉水是传染的主要媒介，地下害虫螃蜡、蟆站、线虫等也有一定的传播作用。嫁接或人为造成的伤口是病菌侵入植物的主要通道。苗木带菌运输是远距离传播的主要途径。该病菌的致病机制是，病菌通过伤口侵入寄主后，将其诱癌质粒基因上的一段产生植物生长激素的T-DNA整合到植物的染色体DNA上，随着植物本身的代谢生长，刺激植物细胞异常分裂和增生，形成癌瘤，而病原菌的菌体并不进入植物的细胞，从病菌侵入到显现癌瘤的时间，一般要经过几周甚至一年以上。根据在番茄上的接种试验，癌瘤形成以22℃为最适温度，18～26℃时形成的癌瘤细小，28～30℃时不易形成癌瘤，30℃以上几乎不能形成。在pH为6.2～8条件下病菌保持致病力，当pH为5或更低时土壤带菌但不发病。土壤黏重、排水不良的果园发病多。土壤疏松、排水良好的沙质壤土发病少。苗木切接伤口大，愈合较慢，加之嫁接后要培土，伤口与土壤接触时染病机会多，发病率高。耕作不慎导致创伤，地下害虫、线虫危害有利于病菌侵入。

（3）防治办法　①加强苗木检疫。调运苗木要进行检查，禁止调运患柿癌肿病的苗木。②农业防治。育苗地不要选择老果园、老林地，应选择种植过禾本科作物的土地育苗，苗圃地要有浇水、排水设施。嫁接苗时尽量用芽接，少用地面切接法。嫁接工具要用75%酒精消毒灭菌15 min。移栽、定植和播种时，对种子和苗木用1%硫酸铜溶液浸根5 min，再放入2%石灰水中浸1 min，或用抗根癌菌剂处理。③增强树势，降低树体感病率。加强土肥水管理，实行全营养平衡施肥技术，重视有机肥及中微量元素肥的施入，提高树体抗病能力。④化学防治。发现苗木根上有癌瘤，用刀切除癌瘤，然后用80%乙蒜素100～200倍液涂抹，再外涂2.12%腐殖酸铜或波尔多液保护。切口用抗根癌菌剂浸沾处理最好。

### 6. 日灼病

日灼病是果实受高温烈日暴晒而引起的生理性病害，受害果实的果皮灼伤变黄硬化或坏死，降低果实品质，影响果品的商品价值。

（1）症状　果实受害初期，果面略呈淡黄褐色，而后中央呈褐色，有淡黄色色晕，严重时变黑开裂，果实变软脱落，极为严重时导致果实局部变软很快脱落。叶片受灼呈红褐色不规则斑，而后不扩大。树干上受害处呈纵向条状干枯，严重时树皮开裂剥落。

（2）发病规律　日灼是在初夏气温骤高时发生，朝上或朝西南方向裸露的果实表面温度达 40℃持续 2 小时以上时会被灼伤。叶片缺水或贴近地面接收的地面辐射热较多时也会被灼伤。树干日灼则多在高接换头、叶片大量减少时，阳光直射树干，从而使局部增温引起灼伤，灼伤处树皮半干，在这种状态下容易引发木腐病。

（3）防治办法　①选地尽量避免西向或西南向坡地，或选择对日灼病不敏感的品种在这些园区种植。建园时西南向注意营造防护林带。②夏、秋季防治锈壁虱，不用石硫合剂。若要用时，夏季则用 0.1 波美度，秋季用 0.2 波美度，于上午 10 时前、下午 3 时后喷药，可以减少该病发生。③ 7 ～ 9 月要注意灌水或进行人工喷水，以调节果园土壤水分和小气候。④发现有果实轻微受害，可及时用小纸块粘贴遮盖受害部分，或用石灰乳涂盖受害部分，可逐渐恢复正常。

**7. 柿黑星病**

柿黑星病在山东、山西、江苏、河北、河南和陕西等地方发生。危害柿树、君迁子的新梢和果实。在苗木上，它主要侵害幼叶和新梢，影响苗木正常生长。对大树，它可引起落叶和落果。对作砧木的君迁子，其危害也较严重。

（1）症状　叶片上的病斑为圆形或近圆形，直径为 2 ～ 5 mm，褐色，病斑边缘有明显的黑色界线，外侧还有 2 ～ 3mm 宽的黄色晕圈。叶背面产生黑色煤状物，即病原菌的分生孢子丛。老病斑的中部常开裂，病组织脱落后即形成穿孔。如病斑出现在中脉或侧脉上，可使叶片发生皱缩。病斑多时，病叶大量提早脱落。叶柄及当年新梢受害后，形成椭圆形或纺锤形凹陷的黑色病斑，其中新梢上的病斑较大，可达（5 ～ 10）mm × 5 mm。最后病斑中部发生龟裂，形成小型溃疡。果实上的病斑与叶上的病斑略同，但稍凹陷。病斑直径一般为 2 ～ 3 mm，大时可达 7 mm。粤片被害时产生椭圆形或不规则的黑褐色斑，直径大小为 3 mm 左右。

（2）病原　柿黑星孢 (*Fusicladium kaki* Hori et Yoshson.)，属半知菌亚门真菌。病菌的分生孢子梗丛生，圆柱形，极少分枝，为淡褐色。分生孢子长圆形至纺锤形，单胞，黑褐色。

（3）发病规律　病菌以菌丝的形式在病梢上的病斑内越冬。也可在残留在树上的病柿蒂上越冬。翌年 4 ～ 5 月，病部产生大量的分生孢子，经风雨传播，侵入幼叶、幼果和新梢，潜育期为 7 ～ 10 天。病菌在生长期中，可以不断产生分生孢子，进行多次侵染。6 月中旬以后，可以引起落叶，夏季高温时停止发展，至秋季又危害秋梢和新叶。君迁子最易感病。

（4）防治办法　①清除病源。结合修剪，剪去病枝和病柿蒂，集中烧毁，以清除越冬菌源。②喷药防治。柿树萌动时喷一次 5 波美度的石硫合剂，或在新梢有 5 ～ 6 片新叶时，喷布 0.3 波美度的石硫合剂等药剂。防治其他病害时，也可以兼治此病。

8. 柿疯病

柿疯病主要发生在河北、山西、河南、甘肃、贵州、福建、广东等柿产区，有的地区病株率达 70%。

（1）症状　柿树患病后，生长异常，枝梢焦枯，枯枝处又萌生很多新梢，呈丛生状，直立徒长。春季发芽晚，生长迟滞，叶脉变黑，冬季枝梢焦枯。枝干木质部呈断续黑褐色线，有时扩及韧皮组织。病树结果少，而且果实表面有凹陷的环状纹。果实成熟时由绿色变黑色，果实提前变软脱落。重病树不结果，甚至整株死亡。

（2）病原　该病病原为难养细菌 RLO 病原菌侵染所致，寄生于植物输导组织内的难养细菌，即类立克次氏体，也称类细菌。其形态不同于一般的植物病原细菌，个体也较一般细菌小，椭圆形，长 580 ～ 1 600 nm，宽 510 ～ 1 060 nm。

（3）发病规律　柿疯病可通过嫁接传染，亦可通过汁液接触及斑衣蜡蝉和柿斑叶蝉传播。病株发芽迟 10 d 以上，5 月下旬至 7 月上旬发展快，染病叶脉变黑，病叶凹凸不平，病果畸形、早落。绵柿、方柿易感病。病枝在冬、春季死亡，枝条枯死后由基部不定芽、隐芽萌生新梢，丛生徒长，形成“鸡爪枝”。重病树新梢长至 4 ～ 5 cm 时，萎蔫死亡，新梢停止生长早，落叶时间约比健康树早 1 周。病枝表皮粗糙，质脆易断。纵剖木质部，可见其上有黑色纵短条纹。

（4）防治办法　①用无病苗木建园。建园时要选用抗病品种，育苗时用抗病砧木育苗。园内定植的柿树苗木，要选用无病的健壮苗木。绵柿、方柿易感病，磨盘柿、牛心柿次之，水柿抗病。②增强树势。加强土肥水管理，采用全营养平衡施肥技术，重视有机肥及中微量元素肥的施用，提高树体抗病能力，降低树体感病率。③除虫防病。对传播该病的媒介昆虫，如柿铃叶蝉和斑衣蜡蝉等，要及时防治，以免扩大传播范围。对造成早期落叶的多种病害，应认真防治，以保证叶片完好，增强树体抗病力。④药物防治。用抗生素防治，可在树干上打孔，深达主干直径的2/3。用吊瓶灌注0.4%四环素溶液，每株用10 g。⑤加强检疫。严禁从疫区引进柿苗和接穗。在疫区繁育苗木，要从无病区或健壮树上采取接穗。

**9. 柿白粉病**

（1）症状　柿树白粉病在河南及陕西柿产区发生普遍，往往引起早期少叶，树势削弱和降低产量。柿树白粉病主要危害叶片，偶尔也危害新梢和果实，发病初期(5～6月份)在叶面上出现密集的针尖大的小黑点形成的病斑，病斑直径1～2 cm，以后扩大可至全叶。

（2）病原　为（*Phyllactinia kakicola* Saw.）子囊菌亚门、白粉菌目、球针壳属、榛球针壳真菌。菌丝体主要叶背面生，不消失；闭囊壳多集生，扁球形，直径100～196 μm；附属丝8～15根，基部膨大成球形，顶端钝圆，长度为闭囊壳直径的1～2倍，无色；无隔膜；闭囊壳顶端部有一些帚状细胞，其主干淡褐色，壁厚，较短，仅37～45 μm长，主干上的分枝十数根，无色；子囊很多，约14～16个，长椭圆形或椭圆形，有柄，42～76 μm×18～36 μm；子囊孢子椭圆形、矩圆形，无色，20～35 μm×15～22 μm，每子囊内2个子囊孢子。

（2）发病规律　以闭囊壳在落叶上越冬，次年4月中旬以子囊孢子进行初次侵染。菌丝发育适温15～25℃，超过28℃停止发育，在15℃以下产生闭囊壳。病斑上白粉层是病菌的菌丝及分生孢子，黑色小粒点为病菌的闭囊壳(呈球形)，内生有多个卵形的子囊，每个子囊有 2 个子囊孢子。病菌以闭囊壳在落叶上越冬。翌年 4 月份柿叶展开后，落叶上的子囊孢子成熟释放，经气孔侵入幼叶，然后再产生分生孢子，进行多次侵染。秋季在叶背产生闭囊壳。

（4）防治办法　冬季清扫落叶集中烧毁，消灭越冬病原。深翻田凰可将病原物深埋。春季发芽前 ( 芽萌动时 )，喷 1 次 5 波美度的石硫合剂，以杀死发芽孢子，预防侵染。花前花后再各喷 1 次 0.3 ～ 0.5 波美度的石硫合剂，也可喷洒 2% 农抗 120 或 45% 硫黄胶悬剂 200 ～ 300 倍液，或 15% 粉锈宁可湿性粉剂 1 000 ～ 1 500 倍液，或 50% 甲基托布津可湿性粉剂 800 倍液。

**10. 根腐病**

（1）症状　萌芽后的 4 至 5 月份才较为集中表现出来。由于植株受侵发病的久暂，严重程度以及当时气候条件的影响，病株地上部分的症状表现有萎蔫型、青干型、叶缘焦枯型、枝枯型四种不同类型。病株地下部分发病，是先从须根 ( 吸收根 ) 开始，病根变褐枯死，然后延及其上部的肉质根，围绕须根基部形成一个红褐色的圆斑。病斑的进一步扩大与相互融合，并深达木质部，致使整段根变黑死亡。病害就是这样从须根、小根逐渐向大根蔓延为害的。在这个过程中，病根也可反复产生伤愈组织和再生新根，因此最后病部变为凹凸不平，病健组织彼此交错。由于病株的伤愈作用和萌发新根的功能，病情发展呈现时起时伏的状况。当水肥和管理条件较好，植株生长势健壮时，有的病株甚至可以完全自行恢复。

（2）病原　主要包括尖镰孢菌 *Fusarium solani* (Mart.) App. EtWollenw.，腐皮镰孢菌 *Fusarium solani* (Mart.) App.

etWo11enw.，弯角镰孢菌 *Fusarium camptoceras* Wollenw.et.Reink.三种镰刀菌(属半知菌)。这是通过分离培养、接种以及再分离的多次试验而得到肯定的。

(3)发病规律　作为病原的几种镰刀菌都是土壤习居菌，可在土壤中长期进行腐生存活，同时也可寄生为害寄主植物。在果园里，只有当果树根系衰弱时才会遭受到病菌的侵染而致病。因此干旱、缺肥、土壤盐碱化、水土流失严重、土壤板结通气不良、结果过多、大小年严重、杂草丛生以及其他病虫(尤其是腐烂病)的严重为害等导致果树根系衰弱的各种因素，都是诱发病害的重要条件。

(4)防治办法　①增强树势，提高抗病力增施有机肥料，进行灌水，加强松土保墒，控制水土流失，加强其他病虫防治，合理修剪，控制大小年等。②土壤消毒灭菌每年苹果树萌芽和夏末进行两次，以根颈为中心，开挖3～5条放射状沟，深70 cm，宽30～45 cm，长到树冠外围。灌根有效的药剂有：75%五氯硝基苯可湿性粉剂800倍液；硫酸铜晶体500倍液；70%甲基托布津可湿性粉剂1 500倍液；1度石硫合剂；50%多菌灵可湿性粉剂800倍液；50%代森铵水剂400倍液；50%苯来特可湿性粉剂1 000倍液; 2%农抗120水剂200倍液; 50%退菌特可湿性粉剂倍液；10%双效灵水剂200倍液。

**11. 柿白纹羽病**

(1)症状　白纹羽病发生在根部，最初根腐烂，以后扩展到侧根和主根。在被害根的表层布满密集交织的灰白色菌丝体，具有纤细的羽纹状菌索，在近表土根际处白色菌丝膜中，生有小黑颗粒，即病菌的子囊壳，植株地上部的叶片逐渐变黄凋萎，直至整树枯死。

（2）病原 为褐座坚壳菌 [*Rosellinia necatrix* (Hart.) Berl.] 子囊菌亚门、球壳目、座间壳属。该病菌的子囊壳在死亡病根上产生，单个或成丛埋在菌丝中，黑色球形。子囊圆柱形，内生 8 个囊孢子，单列暗褐色。无性分生孢子从菌丝体上产生孢梗束，有分枝，顶生或侧生 1 ～ 3 个分生孢子，单孢卵圆形，大小为 2 ～ 3 μm。

（3）发病规律 柿白纹羽病的病原以菌丝体、根状菌索或菌核随着病根遗留在土壤中越冬。先为害新根的柔软组织，被害细根软化腐朽以至消失，后逐渐延及粗大的根。病健根相互接触也可传病。远距离传病，则通过带病苗木的转移。白纹羽病菌主要以菌丝、菌核或根状菌索在病根上越冬，翌年菌核或菌索上又长出菌丝，从根部皮孔侵入。病菌通过病、健根接触或带病苗木传播。栗园低洼、潮湿、排水不良，发病较重；栽植过深、耕作时伤根较多以及土壤酸性较强、有机质缺乏的栗园发生也较重。

（4）防治方法 ①严格检查栽植无病苗木。或用 2% 石灰水，浸根 30 分钟，1% 硫酸铜溶液浸根 1 小时进行消毒。发现病株，及时拔除烧毁，病穴及时灌注 70% 甲基托布津 100 倍液消毒，也可撒施石灰消毒。②在砍伐林地建栗园时，应先种植禾本科作物 2 ～ 3 年后，待病根充分腐烂后再建园。③改善立地条件，做好排水工作，雨后不要积水，增施有机肥，增强树势，提高抗病力。如认为苗木发病时，可用 10% 的硫酸铜溶液或 20% 的石灰水浸渍 1 小时后再栽植。在发病初期选用 25% 阿米西达悬浮剂 1 500 倍液、75% 达克宁可湿性粉剂 600 倍液、68% 精甲霜 · 锰锌 100 ～ 120g/ 亩、58% 锰锌 · 甲霜灵一代（25 g）兑水 15kg 等喷雾，叶正面、背面和茎都要喷匀药液，间隔 5 ～ 7 天再喷一次。

**12. 紫纹羽病**

（1）症状　此病主要为害根部，初发生于细支根，逐渐扩展至主根、根颈，主要特点初发病时，根的表皮出现黄褐色不规则的斑块，病处较健根的皮颜色略深，而内部皮层组织已变成褐色，不久，病根表面缠绕紫红色网状物，甚至满布厚绒布状的紫色物，后期表面着生紫红色半球形核状物。病根皮层腐烂，由褐色变为黑色，而表皮仍完好地套在木质部的外面，可滑动脱落，最后木质朽枯，栓皮呈鞘状套于根外，捏之易碎裂，烂根具浓烈蘑菇味，苗木、幼树、结果树均可受害。轻病树树势衰弱，叶黄早落；重病树枝条枯死甚至全株死亡。病根周围的土壤也能见到菌丝块。由于根部腐烂，地上部的枝蔓长势衰弱，节间短、叶片小、颜色发黄而薄，病情发展较缓慢，病株枯死往往需要几年的时间。植株地上部树势衰弱，新梢生长量少，叶小型，色淡，夏天时萎蔫、变黄，早脱落，连续 2 ～ 3 年表现同样症状，数年后死树。地上部分症状显著，约 3/4 的根表被侵染，根颈表面有紫褐色物。有的植株生长很正常，突然叶变黄、落叶，植株随即枯死。根状物沿根表面向上蔓延。地上部分植株生长茂盛和高湿度条件下，树干的很多部位出现紫褐色物。

（2）病原　桑卷担菌 (*Helicobasidium mompa* Tanaka Jacz.)，属担子菌亚门真菌。该菌有两种菌丝。侵入皮层的称营养菌丝，寄生并附着在表面的称为生殖菌丝。

（3）发病规律　①苗木传播：紫纹羽病菌可侵染果树苗木，并通过苗木的调运而进行远距离传播。②土壤带菌：在带菌土壤中育苗或栽培果树易发生根部病害。③伤口侵入：

果园管理不当造成的机械伤，害虫造成的虫伤（如木蠹蛾为害处）等可加重紫纹羽病的发病程度。④管理因素：不良的土壤管理是诱发根病的重要因素。土壤板结、积水，土壤瘠薄、肥水不当，这些均可引起根部发育不良，降低其抗病性，有利于根病的侵染与扩展，加重根病的为害。低洼积水潮湿的果园，发病重。

（4）防治方法　①及时检查治疗：对地上部表现生长不良的果树，秋季应扒土晾根，并刮除病部和涂药．挖开根区土壤寻找患病部位：对于主要为害细、支根的紫纹羽病要根据地上部的表现，先从重病侧挖起，再详细追寻发病部位。②清理患部并涂药消毒：找到患病部位后，要根据不同情况，进行不同处理。局部皮层腐烂者，用小刀彻底刮除病斑，刮下的病皮要集中处理，不要随便抛掷；也可用喷灯灼烧病部，彻底杀死病菌。整条根腐烂者，要从基部锯除，并向下追寻，直至将病根挖净。大部分根系都已发病者，要彻底清除病根，同时注意保护无病根，不要轻易损伤。清理患病部位后，要在伤口处涂抹杀菌剂，防止复发；对于较大的伤口，要糊泥或包塑料布加以保护；对于严重发病的树穴，要灌药杀菌或另换无病新土。所用药剂有50%代森铵水剂100～150倍液。此外，40%福美砷可湿性粉剂500～800倍液、2度石硫合剂、40%五氯硝基苯粉剂50～100倍毒土等也可用。对病株周围土壤，用70%五氯硝基苯粉每株0.2 kg，配制成1：（50～100）的药土，均匀撒施病株周围土中。或用70%甲基托布津或50%多菌灵500倍液灌根。对病重树尽早挖除，搜集病残根烧毁。③改善栽培管理促进树势恢复：对于轻病树，只要彻底刮除患部并涂药保护，一般不需要特殊管理即可恢复。但是，对于病斑几乎围颈一周或烂根较多的重病树，则必须加以特殊管理，才能使之恢复树势和产量。对于根系大部分发病而丧失吸收能力者，一要重剪地上部；二要在茎基部嫁接新根，或者在病树周围栽植小树并嫁接到主干上，以苗木的根系代替原来的根系；三要在地下增施速效肥料，在地上部进行根外追肥；四要注意水分管理，既不要使植株缺水，又不要灌水过多。

**13. 柿叶枯病**

（1）症状　叶片上的病斑，初期为近圆形或多角形，浓褐色斑点，后逐渐发展成为灰褐色或灰白色、边缘深褐色的较大病斑，直径为 1 ～ 2 cm，并有轮纹。后期叶片正面病斑上出现黑色小粒点，即分生孢子盘。果实上的病斑为暗褐色，呈星状开裂，后期也长出分生孢子盘。

（2）病原　为柿盘多毛孢（*Pestalotia diospyri* Sydow），半知菌亚门、黑盘菌目、盘多毛孢属。分生孢子梗集结于分生孢子盘内，无色，细，短。分生孢子为倒卵形或纺锤形，孢子顶端有三根鞭毛。

（3）发病规律　病菌以菌丝及分生孢子在病组织内越冬。6 月分生孢子经风雨传播，开始发病，7 ～ 9 月为发病盛期。气候干旱、土壤干燥时，发病较重。病菌发育的最适温度为 28℃，在 10℃以下、32℃以上时停止发育。

（4）防治办法　①清除菌源，秋后彻底清扫落叶，予以集中烧毁，清除越冬菌源，即可基本控制此病的危害。②喷药保护在柿树落花后（约 6 月上旬），子囊孢子大量飞散以前，喷 1 ： 5 ：（400 ～ 600）波尔多液，保护叶片。一般地区，喷一次药即可；重病地区，半个月后再喷一次，基本上可以防止落叶和落果。也可以喷65%代森锌500倍液、或多菌灵、甲基托布津等药剂。

**14. 柿蝇粪病**

（1）症状　柿蝇粪病主要为害果实，以果实近成熟期发生较多。受害日本甜柿子表面产生黑褐色至黑色斑块，该斑块由许多小黑点组成，斑块形状多不规则。黑斑附着在果实表面，不为害果皮、果肉，稍用力能将黑斑擦掉。在果面形成由十数个或数十个小黑点组成的斑块,黑点光亮而稍隆起，小黑点之间由无色菌丝沟通，形似蝇粪便，用手难以擦去，也不易自行脱落，影响果实外观，降低食用和经济价值。果蝇粪病和煤污病常混合发生，症状复杂，不易区分。但常见症状为：果皮表生黑色菌丝，上生小黑点，即病菌分生孢子器或菌核；小黑点组成大小不等的圆形病斑，病斑处果粉消失。

（2）发病规律　柿蝇粪病是一种高等真菌性病害，病菌主要在枝条表面越冬。第二年雨季，病菌孢子借助风雨传播，以果实表面营养分泌物为基质进行附生而造成危害。该病只影响果实的外观品质，对产量基本没影响 . 高温多雨季节或低洼潮湿果园发病较重。

（3）防治技术　①合理修剪，通风透光，及时排水，降低甜柿子苗园内湿度。②蝇粪病多为零星发生，一般不需单独喷药防治。少数往年病害发生较重的柿园，从病害发生初期或雨季到

## 五、主要虫害及无公害防治

**1. 柿蒂虫**（*Kakivoria flavofasciata* Nagano） 又名柿实虫、柿食蛾、钻心虫，属鳞翅目举肢蛾科。为害柿、君迁子（黑枣），使柿果变软，早落，大幅度减产。我国柿产区普遍发生。

（1）危害特点 幼虫从柿蒂或柿蒂附近的果实上进入果心，食害果肉。被害果提早变红脱落。对柿子产量造成的损失极为严重。

（2）形态特征 雌成虫体长 7mm 左右，翅展 15 ～ 17mm；雄体较小，长约 5.5 mm，翅展 14 ～ 15 mm。头部黄褐色，触角鞭状。胸、腹部及前后翅紫褐色，唯胸中央黄褐色。前翅近顶角处斜向外缘有 1 条黄色带状纹，尾部及足均为黄褐色。后足胫节具长毛。卵为椭圆形，乳白色，后变淡粉红色，表面有细微纵纹和白色短毛。老熟幼虫体长约 10 mm，头黄褐色，前胸背板及臀板暗褐色，背面淡暗紫色。中后胸及腹部第一节色较淡。蛹长约 7 mm，褐色。茧呈长椭圆形，污白色，附有虫粪、木屑等物。

（3）生活史及习性 1 年发生 2 代。以老熟幼虫在干枝老皮下、根颈部、土缝中、树上残留的干果柿蒂中结茧越冬。越冬幼虫来年 4 月下旬化蛹，5 月中下旬为成虫羽化盛期。初羽化成虫飞翔力差，昼伏夜出，交尾产卵。卵产于果柄与果蒂之间。第一代幼虫自 5 月下旬开始蛀果。先吐丝将果柄与柿蒂缠住，使果不脱落，后将果柄吃成环状，或从果柄蛀入果实。1 头幼虫可为害 5 ～ 6 个果。6 月下旬至 7 月下旬，幼虫老熟后一部留在果内，另部分在树皮下结茧化蛹。第二代幼虫于 8 月上旬至 9 月中旬为害，造成大量柿果烘落。8 月中旬开始陆续老熟，8 月底至 9 月上旬下树越冬。

（4）防治办法　①人工防治。早春刮树干老翘皮，树干下培土堆，高 20 cm 以上，距树基 60 cm，6 月中旬后扒除。堵树洞，用黄土掺石灰，3 ∶ 1 混合，堵严抹死，压低越冬虫量。②树上防治。5 月下旬至 6 月上旬、7 月下旬至 8 月中旬，正值幼虫发生高峰期，应各喷 2 遍药，每次药间隔 10 ～ 15 天。如虫量大，应增加防治次数。可用 20% 菊・马乳油 1 500 ～ 2 500 倍液，或 20% 甲氰菊酯或 20% 氰戊菊酯 2 500 ～ 3 000 倍液，或 2.5% 溴氰菊酯乳油 3 000 ～ 5 000 倍液，或 50% 杀螟硫磷乳油 1 000 倍液等。着重喷果实、果梗、柿蒂。③摘虫果，拣落果。从 6 月中旬至 7 月中旬，8 月中旬至 9 月上旬，每代幼虫期均应集中摘、拣虫果 2 ～ 3 次、深埋。晚秋摘树上挂的虫柿蒂。

2. **柿棉蚧** [*Acanthococcus kaki*（Kuwana）]　又名柿粉蚧、柿绒蚧、柿毛毡蚧、树虱子，属同翅目粉蚧科。以若虫、成虫吸食柿果、嫩枝的汁液，影响果品质量，产量下降甚至绝收，主干爆皮，树势衰弱，成为柿树主要害虫之一。在我国南北柿产区普遍发生，尤以管理粗放树势衰弱的柿园最严重。很难根除，受害树体除了树势减弱，产量降低以外，还严重影响柿果品质和销售价格，给果农造成很大经济损失。柿棉蚧的主要天敌，有黑缘红瓢虫和红点唇瓢虫等。

（1）危害特点　柿棉蚧以第一、第二代主要危害嫩梢和叶片，第三、第四代主要危害果实和叶片，全年以 7 ～ 8 月 ( 即第二、第三代 ) 危害最严重。以若虫、雌成虫群集枝梢、叶背、叶柄、果实及柿蒂与果实相结合的缝隙处危害，刺吸汁液。被害枝呈黑色、棕黑色凹陷，叶片畸形。黄化、叶缘扭曲、早落，被害果害虫固着点凹陷，变黑，提前软化并脱落，甚至龟裂，使果实提前软化，不便加工和贮藏、运输，导致严重减产。柿棉蚧的天敌主要有黑缘红瓢虫和红点唇瓢虫等，对柿棉蚧的发生有一定的控制作用。

（2）形态特征　成虫：雌成虫体长约 1.5 mm，宽 1 mm，椭圆形，体节明显，紫红色；虫体背面覆盖白色毛状介壳，长约 3 mm、宽约 2 mm；正面隆起，前端椭圆形，尾部卵囊由白色絮状蜡质构成，表面有稀疏的白色蜡毛。雄成虫体长约 1.2 mm，紫红色，触角细长，由 9 节构成；翅 1 对，无色半透明；介壳椭圆形，长约 1.2 mm，宽 0.5 mm，质地与雌虫介壳相同。卵：长 0.3 ～ 0.4 mm，椭圆形，紫红色，表面附存白色蜡粉及蜡丝。若虫：体长 0.5 mm，紫红色，扁平，椭圆形，周身有短刺状突起。

（3）生活史及习性　柿棉蚧以第一、第二代主要危害嫩梢和叶片，第三、第四代主要危害果实和叶片，全年以 7 ～ 8 月 (即第二、第三代) 危害最严重。以若虫、雌成虫群集枝梢、叶背、叶柄、果实及柿蒂与果实相结合的缝隙处危害，刺吸汁液。被害枝呈黑色、棕黑色凹陷，叶片畸形。黄化、叶缘扭曲、早落，被害果害虫固着点凹陷，变黑，提前软化并脱落，甚至龟裂，使果实提前软化，不便加工和贮藏、运输，导致严重减产。柿棉蚧的天敌主要有黑缘红瓢虫和红点唇瓢虫等，对柿棉蚧的发生有一定的控制作用。

（4）防治方法　①保持柿园清洁。剪除树上残留的病虫枝，刮除树干老翘粗皮，及时集中烧毁。②保护天敌。利用黑缘红瓢虫、红点唇瓢虫、草青蛉等，对柿棉蚧的发生进行控制，在天敌的发生期尽量不用或少用农药。③药剂防治。

早春柿树发芽前喷1次5波美度石硫合剂或5%的柴油乳剂，消灭越冬若虫；各代若虫未形成蜡壳前，喷蚧杀特或蚧壳速杀乳油1 000～1 500倍液；蜡壳形成后喷800～1 000倍液的蜡蚧灵溶液。④越冬期防治春季柿树发芽前，喷一次5波美度石硫合剂(加入0.3%洗衣粉可增加展着作用)，或5%柴油乳剂，95%蚧螨灵乳油100倍液,防治越冬若虫。

3. **柿长棉粉蚧**（*Phenacoccus pergandei* Cockerell） 又名柿棉粉蚧、柿粉蚧，俗称柿虱子，属昆虫纲，同翅目粉蚧科棉粉蚧属的一种昆虫。是河南柿区的主要害虫之一，柿长棉粉蚧在中国各地的发生日趋严重。分布于河南、河北、山东、江苏及陕西等地。

（1）危害特点 若虫和成虫聚集在柿树嫩枝、幼叶和果实上吸食汁液为害。枝、叶被害后，失绿而枯焦变褐；果实受害部位初呈黄色，逐渐凹陷变成黑色，受害重的果实，最后变烘脱落。受害树轻则造成树体衰弱，落叶落果；重则引起枝梢枯死，甚至整株死亡，严重影响柿树产量和果实品质。

（2）形态特征 雌成虫体长约4mm，扁椭圆形，全体浓褐色，触角丝状，9节；足3对；无翅；体表被覆白色蜡粉，体缘具圆锥形蜡突10多对，有的多达18对。雄成虫体长约2 mm,翅展3.5 mm左右,体色灰黄,触角似念珠状,上生茸毛;3对足；前翅白色透明较发达，翅脉1条分2叉，后翅特化为平衡棒;腹部末端两侧各具细长白色蜡丝1对。卵圆形,橙黄色。若虫与雌成虫相似，仅体形小，触角、足均发达。1龄时为淡黄色，后变为淡褐色。裸蛹，长约2 mm，形似大米粒。

（3）生活史及习性 柿长棉粉蚧在河南郑州每年发生1代，以3龄若虫在枝条上和树干皮缝中结大米粒状的白茧越冬。翌年春柿树萌芽时，越冬若虫开始出蛰，转移到嫩枝、幼叶上吸食汁液。长成的3龄雄若虫脱皮变成前蛹，再次脱皮而进入蛹期；雌虫不断吸食发育，约在4月上旬变为成虫。雄成虫羽化后寻找雌成虫交尾，后死亡，雌成虫则继续取食，约在4月下旬开始爬到叶背面分泌白色绵状物，形成白色带状卵囊，长达20～70 mm，宽5 mm左右，卵产于其中。每雌成虫可产卵500～1 500粒，橙黄色。卵期约20天。5月上旬开始孵化，5月中旬为孵化盛期。初孵若虫为黄色，成群爬至嫩叶上，数日后固着在叶背主侧脉附近及近叶柄处吸食为害。6月下旬脱第1次皮，8月中旬脱第2次皮，10月下旬发育为3龄，陆续转移到枝干的老皮和裂缝处群集结茧越冬。

（4）防治方法　①结合冬剪，剪除虫枝；刮树皮后集中烧毁；直接擦刷虫体。若虫越冬量大时，可于初冬或柿树发芽前喷1次5Be石硫合剂、95%机油乳剂、15%～20%柴油乳剂，或8～10倍的松脂合剂，消灭越冬若虫，效果好，药害也轻。②在卵孵化盛期和第1龄若虫发生期，连续喷2次40%速扑杀或40%杀扑磷乳油1 500倍～2 000倍液，防治效果即可达99%以上，且无药害，对人畜、天敌安全。另外，喷40%水胺硫磷1 000倍液，防治效果也比较好。③在天敌发生期，注意保护天敌，应尽量少用或不用广谱性杀虫剂。

**4. 日本双棘长蠹** (*Sinoxylon japonicus* Lesne)（图6–1）又名二齿茎蠹，是1980年在云南发现的我国新纪录种，目前在北京，河北，山东，陕西，江苏，福建，广西和广东等地严重危害栾树、国槐、侧柏、紫荆、柿树。

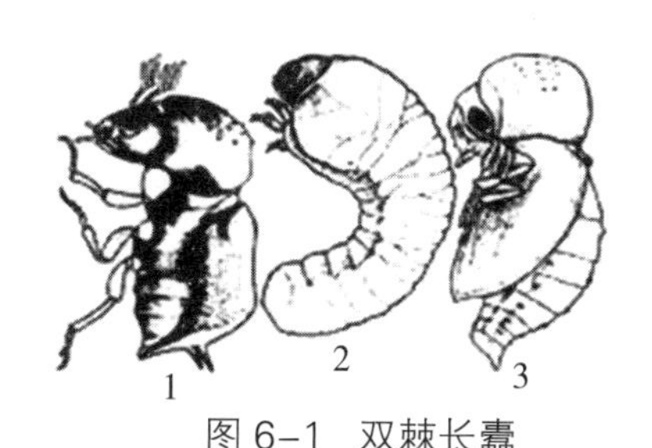


图 6-1　双棘长蠹

1. 成虫 2. 幼虫 3. 蛹

（1）危害特点　成虫蛀入枝干后，在紧贴韧皮部处蛀食木质部一周（枝干与髓心不食），形成环形坑道，造成大量枝条枯死。受害枝条直径大都在 0.8 ～ 2.5 mm。遇风后枯死枝条在最低 1 个环形坑道处折断，断口整齐。因此，此虫对幼树造成的危害较大。观察断处的环形坑道可以发现，枝干有直径 2 ～ 3 mm 虫体入孔，1 个枝条上往往有几个蛀孔，每蛀孔间距 7 ～ 15 cm，每个蛀孔下都有 1 个环形坑道。蛀孔深度 2 ～ 7 mm。环形坑道宽 2.5 ～ 3 mm。折断处的坑道内有时可见成虫或幼虫。有的则充满木屑和虫粪。

（2）形态特征　成虫：体长 5 ～ 10 mm，黑褐色，圆筒形。触角红褐色，10 节。前胸背板发达，帽状盖住头部，前半部有齿状突起，两侧各有 4 个较大并略向后弯的齿状钩。鞘翅赤褐色至黑褐色，密布粗刻点，鞘翅后端急剧向下倾斜，斜面缝合线两侧有 1 对棘状突起。幼虫：体略卷曲。初孵化时乳白色，半透明。口器红褐色，胸足 3 对。肛门附近着生许多黄褐长毛，排成小刷子状。共 5 龄，2 ～ 4 龄幼虫有红褐背线。老熟幼虫体长 4.5 ～ 6.0 mm，背中线消失。永乳白色，半透明，近羽化时黄白色。

（3）生活史及习性　1 年发生 1 代，跨 2 个年度。以成虫在寄主枝干的蛀孔内越冬，翌年 3 月上中旬恢复取食，补充营养。4 月上中旬爬出坑道交尾后返回坑道产卵，坑道内卵粒 100 ～ 200 粒不等，卵期 5 ～ 7 天。4 月中旬始见幼虫，幼虫期 32 ～ 44 天。5 月中下旬至 6 月初陆续化师，蛹期 5 ～ 7 天。5 月底至 6 月上旬始见成虫，成虫期 310 ～ 317 天。10 月下旬成虫飞出蛀道危害新枝，11 月中下旬开始越冬。日本双棘长蠹以幼虫和成虫危害枝干。初孵幼虫沿枝条纵向蛀食初生木质部，随着龄期增大逐渐蛀食心材，被害枝表面出现 0.5 ～ 0.8 mm 孔洞，蛀道内充满虫粪和木屑。初羽化成虫在蛀道内群居，反复取食，使枝干只留表皮和部分髓心。成虫有自相残杀习性。盛夏 6 月下旬至 8 月上旬，常成群结队爬出洞外降温，傍晚再爬回洞内。10 月中下旬转移危害新枝，多选择直径 3 ～ 15 mm 的枝条，危害孔径 2 ～ 3 mm，垂直深 2.5 ～ 15.0 mm，钻入后紧贴韧皮部环形蛀食，形成宽约 3 mm 环形坑道，越冬前蛀道长度 3 ～ 32 mm。不同年龄枝，成虫选择危害部位不同，1 年生枝条主要在芽上、下方，2 年生枝条主要在果柄的上、下方和修剪残痕处，3 年生枝条大多在修剪残痕处、枝条分枝处和新枝着生处周围。蛀食方向是从某一处的上方进入向下蛀食，或从下方进入向上蛀食；从侧面进入，向上、向下都蛀食。成虫危害有转孔习性，经田间调查，1 ～ 2 年生枝条虫孔有虫率 23.33% ～ 24%，3 年生枝条孔道有虫率为 47.37% ～ 50.00%。据 1994 ～ 1996 年调查结果，成虫自然死亡率为 15.11% ～ 33.33%，平均为 18.18%。成虫危害与柿树品种关系密切，以甜柿受害较重，涩柿受害较轻。不同树龄的柿树危害程度有所不同，危害轻重随树龄的增加而加重，有虫株率也增多。危害枝中 1、2、3 年生枝的比例分别为 44.44%、40.74%、14.82%，以 1 年生枝条危害较重，2 年生枝条次之，3 年生枝条较轻，但易折断的是 3 年生枝。成虫危害的选择性与柿树的长势也有关。树势弱，危害重；树势强，危害轻。大年柿树结果量多，柿树枝条发育不良，危害重；小年结果量少，枝条发育好，受害轻，但旺长的营养枝也易受害。

（4）防治方法　①加强土肥水管理，促进树体健康生长，提高抗虫能力，这是防治此虫的最有效措施。②结合冬季修剪，剪除受害枝条，集中烧毁；生长季节也要随时将折断和落下的枝条集中烧毁，消灭里面的成虫及幼虫。③ 4 月上旬成虫迁出坑道交尾产卵，7 ～ 8 月气温上升到 30℃以上时，在上午 10 时至下午 4 时向树冠及地面喷 48% 毒死蜱 800 ～ 1000 倍液（或 20% 稻丰散 600 ～ 800 倍液）+1.8% 阿维菌素 1500 倍液，消灭外出活动成虫。

**5. 咖啡木蠹蛾**（*Zeuzera coffeae* Niether）（图 6–2）　鳞翅目木蠹蛾科豹蠹蛾属的一种昆虫。分布于华南、西南、华东、华中、台湾等地区。

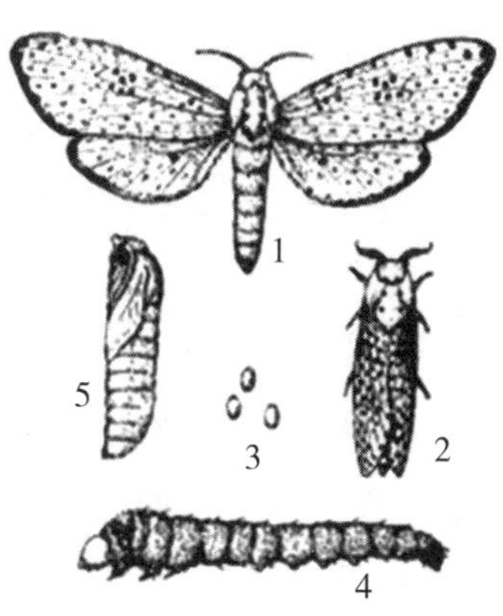


图 6–2　咖啡木蠹蛾

1. 雌成虫　2. 雄成虫　3. 卵　4. 幼虫　5. 蛹

（1）危害特点　主要为幼虫危害柿树树干和枝条，致被害处以上部位黄化枯死，或易受大风折断。严重影响植株生长和产量。

（2）形态特征　成虫：体灰白色，长 15 ～ 18 mm，翅展 25 ～ 50 mm。雄蛾端部线形。胸背面有 3 对青蓝色斑。腹部白色，有黑色横纹。前翅白色，半透明，布满大小不等的青蓝色斑点后翅外缘有青蓝色斑 8 个。雌蛾一般大于雄蛾，触角丝状。卵：圆形，淡黄色。幼虫：老龄幼虫体长 30 mm，头部黑褐色，体紫红色或深红色，尾部淡黄色。各节有很多粒状小突起，上有白毛 1 根。蛹：长椭圆形，红褐色，长 14 ～ 27 mm，背面有锯齿状横带。尾端具短刺 12 根。

（3）生活史及习性　该虫 1 年发生 1 ～ 2 代。以老熟幼虫在被害部越冬。翌年春季转蛀新梢。5 月上旬开始化蛹，蛹期 16 ～ 30 天，5 月下旬羽化，成虫寿命 3 ～ 6 天。羽化后 1 ～ 2 天内交尾产卵。一般将卵产于孔口，数粒成块。卵期 10 ～ 11 天。5 月下旬孵化，孵化后吐丝下垂，随风扩散，7 月上旬至 8 月上旬是幼虫危害期。10 月上旬幼虫化缅越冬。

（4）防治方法　①剪除虫枝。从 7 月下旬幼虫危害时开始，及时剪除受害枝条并烧毁。②保护和利用天敌（平时不宜乱打安全药）。③咖啡木蠹蛾成虫有趋光性，可用黑光灯诱杀。④化学防治。6 月上中旬和 7 月中下旬第二代幼虫孵化期，喷 2.5% 氯氟氰菊酯 2 000 倍液（或 5% 高效氯氰菊酯 1 500 ～ 2 000 倍液或 3% 灭幼脲 300 ～ 400 倍液）+1% 甲氨基阿维菌素苯甲酸盐 1 500 倍液 + 有机硅助剂 3 000 倍液等，隔 7 天喷 1 次，连喷 2 次即可。

**6. 角蜡蚧**（*Ceroplastes ceriferus* Anderson）　为同翅目蜡

蚧科蜡蚧属的一种昆虫。分布在黑龙江、河北、山东、陕西、浙江、上海等。

（1）危害特点　主要危害柿等树种。以若虫固着在叶片和枝条刺吸汁液，排泄的蜜露可布满枝叶。7～8月雨季诱发霉菌寄生，枝叶果实布满黑霉，影响光合作用和果实生长，引发果实脱落，造成严重减产。严重危害时造成枝条枯死。

（2）形态特征　成虫：雌成虫体长6～7.5 mm，近球形，体宽大于长。体红色，外被较厚的白色蜡壳，背面有1个大角向前突出，前端有3块蜡突，两侧各1块，端部1块。雄成虫有翅1对。若虫：蜡壳长椭圆形，前端无蜡突，但两侧每边4块，后端2块，背面1块稍向前呈圆锥形。

（3）生活史及习性　1年发生1代，以受精雌成虫在柿树枝上越冬。翌年春季继续危害，4月中旬孕卵，5月下旬至6月中旬产卵于体下，每雌虫产卵250～3 000粒，卵期7～10天，陆续孵化。1龄若虫22～23天，2龄若虫约20天，3龄若虫37天。雌若虫蜕3次皮羽化为雌成虫。雄若虫蜕2次皮为前蛹，进而化师羽化为雄成虫。10月下旬雄虫羽化后与雌成虫交尾后死亡。雌虫继续危害至越冬。维若虫孵化后，多爬至枝上固着危害。雄若虫多爬到叶片上，多集中到叶主脉两侧刺吸危害，分泌蜜露，招致烟煤病菌产发生，影响柿树生长发育，柿果染有烟煤状物，影响品质。

（4）防治方法　①做好苗木、接穗、砧木检疫消毒。②保护引放天敌。天敌有瓢虫、草蛉、寄生蜂等。③剪除虫枝或刷除虫体。④冬季枝条上结冰凌或雾凇时，用木棍敲打树枝，虫体可随冰凌而落。⑤刚落叶或发芽前喷含油量10%的柴油乳剂，如混用化学药剂效果更好。⑥初孵若虫分散转移期喷洒 40% 氧化乐果 500 ～ 1 000 倍液或 50% 马拉硫磷乳油 600 ～ 800 倍液、25% 亚胺硫磷或杀虫净或 30% 苯溴磷等乳油 400 ～ 600 倍液、50% 稻丰散乳油 1 500 ～ 2 000 倍液。也可用矿物油乳剂，夏秋季用含油量 0.5%，冬季用 3% ～ 5% 或松脂合剂夏秋季用 18 ～ 20 倍液，冬季用 8 ～ 10 倍液。

**7. 柿垫绵坚蚧**（*Eupulvinaria peregrina* Borchsenius） 属同翅目，坚蚧科。主要分布于北方地区，寄主较杂，除为害柿外，还为害苹果、梨、无花果及桑等。

（1）危害特点　以成虫、若虫吸食嫩枝、幼叶和果实造成危害，对柿产量影响很大。

（2）形态特征　雌成虫：体长约 4 mm，棕褐色，略扁平。虫体下后方拖白色蜡质絮状卵囊，卵囊长 5 ～ 8 mm，与虫体等宽。若虫：近纺锤形，淡褐色，半透明，腹末有 14 对长而相互交叉的刺状毛。雄成虫：体长约 2 mm，翅长 3.5 mm。

（3）生活史及习性　1 年发生 1 代，以 2 龄若虫在寄主树体裂缝隐蔽场所越冬。翌年 5 月越冬若虫爬到寄主叶片正面固着危害，5 月末至 6 月发育成熟。雌成虫性成熟后，从虫体下方周缘分泌形成卵囊拖在体后，将卵产于卵囊内虫体后下方，随之卵囊将雌虫体垫起。7 月上旬若虫孵化，若虫孵化后自卵囊爬出，分散爬到叶片背面继续刺吸危害，10 ～ 11 月移到枝干老皮裂缝处过冬。该虫常与柿绵新混合发生，唯柿绵蚧虫口密度为大。柿垫绵蚧的天敌有二星瓢虫和草岭类等。

（4）防治方法　①冬季人工刮刷越冬若虫，剪除虫害严重的枝条。②初冬及柿树萌动时，树冠喷 5 波美度的石硫合剂，防治越冬代若虫。6 月下旬至 7 月上旬若虫孵化期，树冠喷 20% 稻丰散 600 ～ 800 倍液（或 48% 毒死蜱乳油 1 500 倍液或 25%

噻嗪酮可湿性粉剂 1 000 ～ 1 500 倍液）+ 有机硅 3 000 倍液等药剂。

8. **东方盔蚧**（*Parthenolecanium orientalis* Bourchs）又名远东盔蚧、扁平球坚蚧等，属同翅目蚧总科坚蚧科，是果树和林木的重要害虫。

（1）危害特点　可危害桃、杏、柿、苹果、梨、山楂、核桃、葡萄、刺槐、国槐、白蜡、合欢等树种，其中以桃、葡萄、刺槐受害较重。以若虫和成虫危害枝叶和果实。危害期间，经常排泄出无色黏液，不但阻碍叶的生理作用，还招致蝇类吸食和霉菌寄生；严重发生时，致使枝条枯死，树势衰弱。

（2）形态特征　雌成虫：黄褐色或红褐色，扁椭圆形，体长 3.5 ～ 6 mm，体背中央有 4 列纵排断续的凹陷，凹陷内外形成 5 条隆脊。体背边缘有横列的皱褶，排列较规则，腹部末端具臀裂缝。雄成虫：体长 1.2 ～ 1.5 mm，翅展 3 ～ 3.5 mm，红褐色。头红黑色，翅土黄色。腹部末端有 2 条很长的白色蜡丝。卵：长椭圆形，淡黄白色，长径 0.5 ～ 0.6 mm，短径 0.25 mm，近孵化时呈粉红色，卵上微覆蜡质白粉。若虫：将越冬的若虫，体赭褐色，眼黑色，椭圆形，上、下较扁平，体外有 1 层极薄的蜡层。触角、足有活动能力。越冬若虫，外形无变化，但失去活动能力；口针囊长达肛门附近，虫体周缘的锥形刺毛增至 108 条。越冬后若虫，沿纵轴隆起颇高，呈现黄褐色，侧缘淡灰黑色，眼点黑色。体背周缘开始呈现皱褶，体背周缘内方重新生出放射状排列的长蜡腺，分泌出大量白色蜡粉。蛹：雄体长 1.2 ～ 1.7 mm，暗红色。

（3）生活史及习性　1 年发生 2 代，以 2 龄若虫在枝干的老皮下、皮裂缝处、剪锯口处越冬。3 月出蛰，转移到枝条上取食危害，固着一段时间后，可反复多次迁移。4月上旬虫体开始膨大，以后逐渐硬化。5月初开始产卵，5月末为第一代若虫孵化盛期，爬到叶片背面，以及新梢上固着危害。第二代若虫8月间孵化，中旬为盛期，10月迁回，在适宜场所越冬。天敌种类很多，主要有黑缘红额虫和寄生蜂等。

（4）防治方法　①杜绝虫源。②冬季清园。在葡萄越冬前清除枝蔓上的老粗皮，喷施3～5波美度石硫合剂1～2次，减少越冬虫口基数；春季发芽前喷3～5波美度石硫合剂，消灭越冬若虫。③保护和利用天敌。该虫的捕食性天敌有黑缘红瓢虫、小红点瓢虫等。④生长季药剂防治要抓住两个关键时期。一是4月上中旬，虫体开始膨大时；二是5月下旬至6月上旬第一代若虫孵化盛期。发生严重果园于6月下旬加施一次。常用药剂吡虫啉、啶虫脒、杀扑磷、苯氧威、吡蚜酮、毒死蜱等喷雾防治。喷药时加入渗透剂、展着剂，可提高防治效果。

**9. 朝鲜球坚蜡蚧**（*Didesmococcus koreanus* Borchsenius, 1955）是蜡蚧科球坚蜡蚧属的一种动物，俗称杏虱子，农业害虫。属同翅目，蜡蚧科。分布于东北、华东、河南、陕西、宁夏、四川、云南、湖南、江西、山西、江苏、山东、河北、浙江。

（1）危害特点　危害枣、杏、桃、李、梅、樱桃、苹果、梨、葡萄。以雌成虫和若虫寄生于枝条上，雌虫球形介壳经常密集累累；寄主因被害而枯死者屡见不鲜。其若虫和雌成虫以其丝状细长的刺吸式口器固着于寄主枝条、树干嫩皮部，终生吸取汁液。寄主受害后，轻者生长不良，严重者连续被害2～3年后，树势衰弱，甚至导致死亡，若再引起次生害虫如吉丁虫的危害，以及煤污病的发生，更会加速寄主的死亡。

（2）形态特征　成虫：雌体近球形，长 4.5 mm，宽 3.8 mm，高 3.5mm，前、侧面下部凹入，后面近垂直。初期介壳软呈黄褐色，后期硬化呈红褐色至黑褐色。表面有极薄的蜡粉，背中线两侧各具 1 纵列不甚规则的小凹点，壳边平削与枝接触处有白蜡粉。交配后渐变球形，长 4 ～ 5 mm，宽 5 mm 左右，高 3 ～ 4 mm。雄成虫体长 1.5 ～ 2 mm，翅展 5.5 mm，头胸赤褐，腹部淡黄褐色。触角丝状 10 节，生黄白短毛。前翅发达，白色半透明，后翅特化为平衡棒。性刺基部两侧各具 1 条白色长蜡丝。尾端交配器针状。卵：椭圆形，长 0.3 mm，宽 0.2 mm，附有白蜡粉，初白色渐变为粉红色。若虫：初孵若虫长椭圆形，扁平，长 0.5 mm，淡褐色至粉红色，被白粉；触角丝状 6 节，眼红色；足发达；体背面可见 10 节，腹面 13 节，腹末有 2 个小突起，各生 1 根长毛。固着后体侧分泌出弯曲的白蜡丝覆盖于体背。越冬后雌雄分化，雌体卵圆形，背面隆起呈半球形，淡黄褐色，有数条紫黑横纹。雄虫瘦小，椭圆形，背稍隆起。仅雄虫有蛹。蛹：长 1.8 mm，赤褐色；腹末有一黄褐色刺状突。茧：长椭圆形，灰白半透明，扁平，背面略拱，有 2 条纵沟及数条横脊，末端有一横缝。

（3）生活史及习性　卵期 7 天左右。5 月下旬至 6 月上旬为孵化盛期。初孵若虫分散至枝、叶背危害，落叶前叶上的虫转回枝上。雌、雄比 3 ∶ 1。雄成虫寿命 2 天左右，可与数头雌虫交配。未交配的雌虫产的卵亦能孵化。4 月下旬至 5 月上中旬危害最盛。

（4）防治方法　①人工防治：在成虫产卵前，用抹布或戴上劳动布手套将枝条上的雌虫介壳捋掉。②药剂防治：在果树发芽前喷药，可防治越冬若虫。常用药剂有 5 波美度石硫合剂，合成洗衣粉 200 倍液，5% 柴油乳剂， 99. 1% 敌死虫乳油，或 99% 绿颖乳油 50 ～ 80 倍液。果树生长期喷药的关键时期是若虫孵化期，华北地区在 5 月中旬至 6 月上旬。常用药剂 0.3 ～ 0.5 波美度石硫合剂，80% 敌敌畏乳油 1 000 倍液，合成 2.5% 溴氰菊酯乳油 2 500 倍液，48% 毒死蜱乳油 2 000 倍液，52.5% 农地乐乳油 2 000 倍液，25% 噻嗪酮可湿性粉剂 1 000 倍液。

10. **跗线螨** (*Tarsonemid mite*)（图 6–3） 是一种螨虫，属于节肢动物门螯肢亚门蛛形纲蜱螨亚纲真螨目跗线螨科，主要危害“君迁子”叶片。

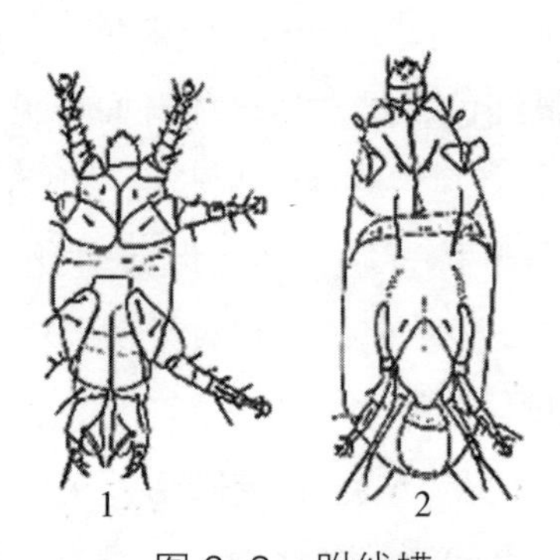


图 6–3 跗线螨

1. 雄螨腹面 2. 雌螨腹面

（1）危害特点 受害叶片正面凹陷，背面凸起许多小包，纵向内卷成畸形，受害处先呈水渍状失绿黄色小斑点，严重时小点由红褐色变黑焦枯。

（2）形态特征 体形微小，体长仅 0.1 ～ 0.3 mm。一般呈乳白色、黄色、绿色或黄褐色。在成熟阶段，表皮的骨化程度比较强，体壁具光泽。身体明显分成囊状的假头、前足体和后足体 3 个部分。假头包括由 1 对细小、分节的须肢和由1对细针状的螯钳所构成的口器。前足体和后足体由明显的横缝分开。后半体分节或具有分节的痕迹。爪间突附着爪上，膜质下垂。体躯背面具背毛8～9对。腹面具发达的表皮内突，是跗线螨重要的特征之一。另一重要特征是具有明显的性二态现象——雌雄形态明显不同。雌螨体形较大，椭圆形，背面凸圆；足1、Ⅱ基节之间的背侧面一般具1对特化的、具柄的感觉器官——假气门器；足Ⅳ末端特化为2根纤细的鞭状长毛。雄螨体形较小，狭长；不具假气门器；足Ⅳ高度特化呈钳状，粗大，末端具爪，一些种类其股节内侧呈不同形状地膨大；躯体末端具生殖乳突。

（3）生活史及习性　可营两性生殖和孤雌生殖。生活史包括卵、幼螨、蛹和成螨4个阶段。卵白色，椭圆形，表面具突起或雄虫健真凹陷。卵孵化为具3对足的幼螨。其后由活动的幼螨阶段进入到静止的“蛹”期，在膨胀的幼螨表皮里进行着从幼螨蜕变为成螨的过程，最后“蛹”表皮裂开而蜕变为具4对足的成螨。完成生活史需数天至数十天。跗线螨的活动取决于足的运动，但雄螨特化呈钳状的足Ⅳ在运动时很少使用，仅在交尾时具抱握器的功能，并能紧抱“蛹”或雌螨，置于其背部携带爬行。跗线螨可栖居于植物上，可以取食高等植物，也可取食菌类、藻类等，或栖居于土壤、枯枝落叶、朽木、鸟类或小型哺乳动物的巢穴内。很多种类也可寄生于昆虫，或与昆虫有共生关系，或栖居于仓库内取食仓储食品。

（4）防治方法　①春季君迁子萌动时喷施5波美度的石硫合剂进行防治。②危害初期喷施20%哒螨灵可湿性粉剂2 500～3 000倍液（或25%丁醚脲2 000倍液）+2.5%高效氯氰菊酯 1 500 倍液 +1.8% 阿维菌素 1 500 ～ 2 000 倍液等杀虫剂。

**11. 苹梢鹰夜蛾**（*Hypocala subsatura* Guenee，1852） 属鳞翅目，夜蛾科。主要分布于辽宁、河北、河南、山西、陕西、甘肃、江苏、山东、云南、贵州、台湾等省。

（1）危害特点　幼虫危害苹果、柿、梨的幼苗、芽苞及嫩梢。受害严重时柿树苗受害率达 100%，受害柿苗呈多头并出现残叶梢，严重影响柿苗生长。

（2）形态特征　成虫：体长 18 ～ 20 mm，翅展 30 ～ 36 mm。全体褐色，雄蛾比雌蛾颜色较深，复眼黑色，触角丝状，下唇须斜向下伸，如鸟喙。腹部各节间黄色，前大半黑色，雌蛾腹部较粗大。前翅外横线、外缘线均波浪形。后翅中室有黄色回形条纹，臂角有 2 小黄斑。卵：半球形，直径约 0.3 mm。初产时乳白色。卵盖外缘有 1 道淡红色环，卵孔处有 1 束淡红色花纹，1 ～ 2 天后变红色。近孵化时变灰褐色。卵壳乳白色半透明状。幼虫：初孵化时淡黄色，体长 2 ～ 3 mm，头黑色。2 ～ 3 龄幼虫体长 6 ～ 15 mm，青黄色，胸足黑色。4 ～ 5 龄幼虫体长 16 ～ 35 mm，体黑色，头红色。亚背线和气门线之间分别有 8 个纵列的青黄色斑。蛹：纺锤形，体长 18 ～ 20 mm，褐红色，临羽化时栗褐色，气门明显。腹末端具臀棘 4 个，中间 2 个较长。

（3）生活史及习性　在陕西每年发生 1 代为主，部分 2 代。以蛹在土壤中过冬，越冬代成虫发生于 5 月中旬至 6 月下旬，第一代幼虫危害短期 5 月下旬至 6 只中旬。幼虫老熟人土化蛹。当年第一代成虫从 7 月下旬 9 月上旬陆续发生，第二代幼虫数量很少。1965 年、1977 年和 1983 年关中大发生，

1984年陕西渭北地区发生严重。在广西每年发生6代，10月下旬11月上旬第6代老熟幼虫入土作茧过冬，翌年4月上旬成虫羽化。第一代卵期4月下旬至5月上旬，成虫期5月上旬至5月下旬；第二代卵期5月中旬至6月上旬，成虫期6月上旬至7月上旬；第三代卵期6月中旬至7月中旬，成虫期7月中旬至8月上旬；第四代卵期7月下旬至8月中旬，成虫期8月中旬至9月上旬；第五代卵期8月下旬至9月中旬，成虫期9月中旬至10月上旬。平均每代历期35天，越冬代185～190天。第三、四代各虫态平均历期：卵2.5天，幼虫14.4天，蛹13.1天，成虫5.3天。成虫多在20～22时羽化，羽化率79.2%，雌雄比1.42∶1。成虫白天潜伏叶背，晚上20～21时吸食蜜露，寻找配偶交尾，有较强趋光性，1个黑光灯可诱成虫200～300头。产卵在寄主梢部芽苞叶背或叶缘上。卵孵化率95.2%。幼虫随着龄期增加，幼虫从上部嫩叶转向底部老叶取食。1～2龄幼虫蜕皮后转移附近下部取食，3～5龄幼虫转食2～4片叶后才皮。幼虫昼夜取食。以7～9时和17～20时取食最烈。以第二、三代幼虫危害柿苗最重。韧孵化幼虫蛀入半展开的芽苞中取食，蜕皮后咬断顶芽转移到下一片叶，吐丝将叶片纵卷成半筒形，藏在筒内取食，先取食叶尖端。受惊动时，1～3龄幼虫吐丝坠地，4～5龄幼虫坠地逃避老熟幼虫入土10 cm处吐丝结茧化蛹。预蛹期1～2天，化蛹多在8～10时。蛹耐干旱不耐湿。柿树苗圃老残弱密苗地苹梢鹰夜娥发生数量多，1～2年生柿苗稀疏茁壮地发生数量少为害轻。毛彬发生为害较多，光柿苗发生数量较少为害轻。柿树连茬苗圃发生数量多，轮作柿苗圃地发生数量少。柿苗管理粗放，灌木杂草丛生发生为害重，柿苗圃集约管理经营，虫害发生为害轻。

（4）防治方法　①综合防治。每年 5 ～ 6 月在果园附近设置黑光灯监测成虫发生情况，及时指导防治工作；5 月下旬和 6 月上旬幼虫危害初期进行人工捕杀。②药剂防治。幼虫危害初期对树冠外围新梢喷布 25% 灭幼脲 2 000 倍液（或 5% 高效氯氰菊酯 1 500 倍液）+1% 甲氨基阿维菌素苯甲酸盐 2 000 倍液等杀虫剂。

12. **褐带长卷叶蛾** [*Hornona coffearia* (Meyrick)]　卷蛾科的一个物种。寄生于卵的澳洲赤眼蜂、玉米螟赤眼蜂、松毛虫赤眼蜂，寄生于幼虫的次生大腿蜂、广大腿蜂、黄长距茧蜂、瓜野螟绒茧蜂、颗粒体病毒 HcGV，捕食幼虫的黄足蠼螋等。

（1）危害特点　褐带长卷蛾危害柑橘、荔枝、茶树、龙眼、杨桃、柿、板栗、枇杷、银杏等。危害果实、叶片、嫩梢和花蕾，尤其以幼果及将近成熟的果实受害最重。

（2）形态特征　成虫体暗褐色，雌虫体长 8 ～ 10 mm，翅展 25 ～ 30 mm，雄虫体长 6 ～ 8 mm，翅展 16 ～ 19 mm。头小，头顶有浓褐色鳞片，下唇须上翘至复眼前缘。前翅暗褐色，近长方形，基部有黑褐色斑纹，从前缘中央前方斜向后缘中央后方，有一深褐色褐带，顶角亦常呈深褐色。后翅为淡黄色。雌虫翅显著长过腹末。雄虫则仅能遮盖腹部，且前翅具宽而短的前缘折，静止时常向背面卷折。卵淡黄色，椭圆形，长径 0. 8 ～ 0.85 mm，横径 0.55 ～ 0.65 mm。卵常排列成鱼鳞状，上覆胶质薄膜，卵块椭圆形，长约 8 mm，宽约 6 mm。幼虫一龄幼虫体长 1.2 ～ 1.6 mm，头黑色，前胸背板和前、中、后足深黄色。二龄幼虫体长 2 ～ 3 mm，头部、前胸背板及三对胸足黑色，体黄绿色。三龄幼虫体长 3 ～ 6 mm，形态色泽同二龄。四龄幼虫体长 7 ～ 10 mm，头深褐色，后足褐色，其余为黑色。五龄幼虫体长 12 ～ 18 mm，头部深褐色，前胸背板黑色，体黄绿色。六龄幼虫体长 20 ～ 23 mm，体黄绿色，头部黑色或褐色，前胸背板黑色，头与前胸相接的地方有一较宽的白带。蛹雌蛹体长 12 ～ 13 mm，雄蛹 8 ～ 9 mm，均为黄褐色。第十腹节末端狭小，具 8 条卷丝状臀棘。

（3）生活史及习性　该虫在浙江和安徽每年发生 4 代，在四川每年发生 4 ～ 5 代，在福建、广东、台湾每年发生 6 代。以老熟幼虫在卷叶或杂草内越冬，在旬均温回升到 12℃左右时开始活动。田间各世代明显重叠。第一代幼虫主要为害柑橘幼果，一龄主要在果实表皮上取食，二、三龄后钻入果内为害。被害果实常脱落，幼虫则转移到旁边的叶片上继续为害或随幼果一同落地。各地一代幼虫的发生期不同，在广东为 4 ～ 5 月，在福州为 5 月中旬至 6 月上旬，在浙江为 6 月至 7 月上旬。第二代幼虫主要为害嫩芽或嫩叶，常吐丝将 3 ～ 6 片叶牵结成包，匿居其中为害。一龄幼虫多取食叶背，留下一层薄膜状叶表皮，不久该表皮破损成为穿孔。二龄末期后多在叶缘取食，被害叶多成穿孔或缺刻。到 9 月份柑橘果实将成熟有甜味时，幼虫又转而为害柑橘果实，造成大量落果。幼虫活动性较强，若遇惊扰，即迅速向后移动，吐丝下坠，不久后又沿丝向上卷动。幼虫有趋嫩习性，高温高湿的环境死亡率也高。幼虫化蛹于叶包内。成虫飞翔力不强，日间常停息于叶片上，活动都在晚间进行。有较强的趋光性，对糖、酒和醋等发酵物亦有趋性。

（4）防治方法　①冬季清园。清扫地面枯枝落叶，铲除园内园边杂草，剪除病虫害、纤细枝集中烧毁。②人工防治。

摘除卵块，捕捉幼虫，及时清除虫害落果。③化学防治。在幼虫孵化期喷2.5%高效氯氰菊酯乳剂1 000～1 500倍液（或2.5%溴氰菊酯乳剂2 000倍液）+有机硅3 000倍液等药剂。

13. **铜绿丽金龟**（*Anomala corpulenta* Motschulsky） 也称铜绿金龟、青铜金龟等。成虫体背铜绿具金属光泽，故名铜绿丽金龟，对农业危害较大。东北、华北、华中、华东、西北等地均有发生。寄主有苹果、山楂、海棠、梨、杏、桃、李、梅、柿、核桃等，以苹果属果树受害最重。成虫取食叶片，常造成大片幼龄果树叶片残缺不全，甚至全树叶片被吃光。

（1）危害特点 危害核桃、柿、板栗、苹果、梨、枫杨、柳、榆、桃、杏、樱桃等。成虫取食叶片、嫩枝、嫩芽和花柄等。将叶吃成缺刻，有时将全叶吃光，只剩主脉。

（2）形态特征 成虫体长19～21 mm，触角黄褐色，鳃叶状。前胸背板及销翅铜绿色具闪光，上面有细密刻点。稍翅每侧具4条纵脉，肩部具疣突。前足胫节具2外齿，前、中足大爪分叉。卵初产椭圆形，长182 mm，卵壳光滑，乳白色。孵化前呈圆形。幼虫3龄幼虫体长30～33 mm，头部黄褐色，前顶刚毛每侧6～8根，排一纵列。脏腹片后部腹毛区正中有2列黄褐色长的刺毛，每列15～18根，2列刺毛尖端大部分相遇和交义。在刺毛列外边有深黄色钩状刚毛。蛹长椭圆形，土黄色，体长22～25 mm。体稍弯曲，雄蛹臀节腹面有4裂的统状突起。卵光滑，呈椭圆形，乳白色。幼虫乳白色，头部褐色。蛹体长约20 mm，宽约10 mm，椭圆形，裸蛹，土黄色，雄末节腹面中央具4个乳头状突起，雌则平滑，无此突起。幼虫老熟体长约32 mm，头宽约5 mm，体乳白，头黄褐色近圆形，前顶刚毛每侧各为8根，成一纵列；后顶刚毛每侧4根斜列。额中刚毛每侧4根。肛腹片后部复毛区的刺毛列，每列各由13～19根长针状刺组成，刺毛列的刺尖常相遇。刺毛列前端不达复毛区的前部边缘。

（3）生活史及习性　在北方一年发生一代，以3龄幼虫在土中越冬，次年4月上旬上升到表土危害，取食农作物和杂草根部，5月间老熟化蛹，5月下旬至6月中旬为化蛹盛期，5月底成虫出现,6、7月间为发生最盛期,是全年危害最严重期，8月下旬，虫量渐退。为害期40天，成虫高峰期开始产卵，6月中旬至7月上旬为产卵期。7月间为卵孵化盛期。7月中旬出现新1代幼虫，取食寄主植物的根部幼虫危害至秋末即入土层内越冬。7月中旬至9月份是幼虫危害期，10月中旬后陆续进入越冬。

成虫羽化后3天出土，昼伏夜出，飞翔力强，黄昏上树取食交尾，成虫寿命25～30天。成虫羽化出土迟早与5、6月间温湿季的变化有密切关系。此间雨量充沛，出生则早，盛发期提前。每雌虫可产卵40粒左右，卵多次散产在3～10 cm土层中，尤喜产卵于大豆、花生地，次为果树、林木和其他作物田中。以春、秋两季危害最烈。秋后10 cm内土温降至10℃时，幼虫下迁，春季10 cm内土温升到8℃以上时，向表层上迁，幼虫共3龄，以3龄幼虫食量最大，危害最重，亦即春秋两季危害严重老熟后多在5～10 cm土层内做蛹室化蛹。化蛹时蛹皮从体背裂开脱下且皮不皱缩，别于大黑鳃金龟。

（4）防治方法　①灯光诱杀。在核桃、柿树集中连片地，在成虫发生期挂黑光灯或自动灭虫灯诱杀；也可在林地间空地夜间点火，诱集成虫扑火自焚。②化学防治。在成虫羽化期晚上和危害期的下午，树冠喷药，可选用20%稻丰散乳油600～800倍液（或48%毒死蜱1 000～1 500倍液）+1.8%阿维菌素乳油1 500倍液等药剂。③根部灌药。苗木地下有蚜蜡危害，用铁钎或木钎插入苗木受害处，灌注48%毒死蜱200～300倍液+1.8%阿维菌素1 000倍液等药剂。

14. **黑绒金龟** (*Maladera orientalis* Motschulsky) 属鞘翅目，鳃金龟科。为害烟草、苎麻、苹果、梨、山楂、桃、杏、枣等149种植物，中国各地均有发生。成虫食害嫩芽、新叶和花朵。

（1）危害特点　成虫喜食苹果、梨、葡萄、核桃、柿、桑、榆、杨、栋、桃、李、樱桃、山楂等，还食害玉米、高粱、豌豆等。成虫啃食嫩芽、叶片，对新栽幼树危害有时很严重。

（2）形态特征　成虫体长7～10 mm，体黑褐色，被灰黑色短绒毛。卵椭圆形，长径约1 mm，乳白色，有光泽，孵化前色泽变暗。幼虫老熟幼虫体长约16 mm，头部黄褐色，胴部乳白色，多皱褶，被有黄褐色细毛，肛腹片上约有28根刺，横向排列成单行弧状。蛹体长约6～9 mm，黄色，裸蛹，头部黑褐色。成虫食嫩叶，芽及花；幼虫为害植物地下组织。

（3）生活史及习性　黑绒金龟1年发生1代，以成虫越冬为主，少数以老熟幼虫越冬。翌年3月下旬至4月上旬日均气温达到10℃以上，遇到降雨，开始出土上树取食芽叶，5～6月气温20～25℃时为成虫取食活动盛期，5月陆续交尾，产卵，直到7月。雌虫产卵于10～20 cm深的土壤中，卵散产或十余粒聚产，每雌虫产卵9～78粒，一般30～40粒，卵期10天左右。幼虫危害期65天左右，在8月中旬至9

月下旬陆续老熟化。蛹期 15 天左右。成虫羽化后一般不出土，在土中越冬。少数发育迟的以幼虫越冬，翌年春天化蛹羽化。成虫出土活动取食与温度密切相关，早春温度低，成虫多在白天活动，取食发芽早的杂草、农作物，主要爬行活动，近落日时便入土潜伏。温度升高后，白天潜伏在干湿土交界处，下午 4 时开始出土活动，以傍晚最盛，常作远距离飞行，常群集危害果树、林木嫩芽及叶片。成虫有趋光性，振动有假死性，经过一段时间的取食补充营养，成虫开始交尾，产卵，成虫寿命较长，危害期达 70 ～ 80 天。

初孵化幼虫可取食腐殖质和植物幼根，随着幼虫生长危害农作物、果树、林木地下根。一般危害性不大。老熟后多在 20 ～ 30 cm 土层作土室化师。

（4）防治方法　①灯光诱杀。利用灭虫灯诱杀。②人工捕杀。成虫危害盛期傍晚，对幼树可用布单铺地，振树捕杀成虫，集中消灭。③套袋防虫。新栽幼树，可在傍晚用大的塑料袋将树冠罩住，避免成虫啃食嫩芽、叶。④化学防治。傍晚树冠喷 20% 稻丰散乳油 600 ～ 800 倍液（或 48% 毒死蜱 1 500 倍液）+1.8% 阿维菌素 1 500 ～ 2 000 倍液 + 有机硅 2 000 倍液等药剂。

15. **白星花金龟** [*Protaetia*（*Liocola*）brevitarsis（*Lewis*）] 也称白纹铜色金龟子、白星花潜。是一种常见的鞘翅目昆虫，其幼虫为腐食性，在自然界中可以取食腐烂的秸秆、杂草以及畜禽粪便等。

（1）危害特点　成虫危害嫩芽和叶、成熟果实，大量发生时，可将树叶吃光。

（2）形态特征　卵：圆形或椭圆形，长约 1.7 ～ 2.0 mm，同一雌虫所产的卵，大小不同，乳白色。幼虫：老熟幼虫体长约 24 ～ 39 mm，头部褐色，胸足 3 对，短小，腹部乳白色，肛腹片上的刺毛呈倒“U”字形 2 纵行排列，每行刺毛数为 19 ～ 22 根，体向腹面弯曲呈 C 字形，背面隆起多横皱纹，头较小，胴部粗胖，黄白或乳白色。蛹：蛹为裸蛹，卵圆形，先端钝圆，向后渐削，长约 20 ～ 23 mm，初期为白色，渐变为黄白色。成虫：成虫体长 17 ～ 24 mm，宽约 9 ～ 13 mm，椭圆形，背面较平，体较光亮，多古铜色或青铜色，体表散布众多不规则白绒斑。有的足绿色，体背面和腹面散布很多不规则的白续斑。头部较窄，两侧在复眼前明显陷入，中央隆起，唇基较短宽，密布粗大刻点，前缘向上折翘，中两侧具边框，外侧向下倾斜。复眼突出，黄铜色带有黑色斑纹。前胸背板具不规则白线斑，长短于宽，两侧弧形，后缘中部前凹，前胸背板后角与鞘翅前缘角之间有一个三角片甚显著，即中胸后侧片。小盾片长三角形，顶端钝，表面光滑，仅基角有少量刻点。鞘翅宽大，近长方形，肩部最宽，侧缘前方内弯。后缘圆弧形，缝角不突出。背面布有粗大刻纹，肩凸的内外刻纹尤为密集，白绒斑多为横波纹状，多集中在鞘翅的中后部。臀板短宽，密布皱纹和黄茸毛，每侧有 3 个白绒斑呈三角形排列。中胸腹突扁平，前端圆。后胸腹板中间光滑，两侧密布粗大皱纹和黄绒毛。腹部光滑，两侧刻纹较密粗，1 ～ 4 节近边缘处和 3 ～ 5 节两侧有白续斑。后足基节后外端角齿状，足粗壮，膝部有白续斑，前足腔节外缘有 3 齿，后足基节后外端角尖锐。各足跗节顶端有两弯曲爪。

（3）生活史及习性　1 年发生 1 代，以幼虫在土中越冬。翌年5月化，5月下旬至9月中旬成虫出现。6～7月为发生盛期。成虫有假死性，取食果树的花和成熟果实，常10余头群集食害。咬成大洞或空壳，被害果多腐烂脱落。对苹果醋酸的趋性很强。7月产卵于土中。幼虫孵化后在土内取食幼根和腐殖质，土壤水分过高时，常逸出地面。幼虫老熟后，吐黏液混合沙和土结成土室，并在其中化师，土室深16～23 cm。土室对白星金龟有保护作用，土室受到破坏以后，幼虫不能化师，成虫不能羽化，并易被天敌捕食。

（4）防治方法　农业防治：在深秋及初冬在白星花金龟发生严重的农田及果园进行深翻土地，集中消灭粪土交界处的幼虫和踊，减少白星花金龟的越冬虫源。化学防治：化学防治法主要包括利用药剂处理粪肥杀死幼虫以及直接药剂喷雾杀灭成虫。化学方法具有见效快、防治效果好、简便等优点，但由于白星花金龟成虫甲壳硬、飞翔能力强，因此一般化学喷雾防治效果并不理想。现多采用糖醋液诱杀成虫、诱集植物捕杀等措施防治该虫。利用趋性防治：糖醋液及腐烂果品诱杀是普遍使用的防治方法之一。将红糖、醋、白酒与水按照4 ∶ 3 ∶ 1 ∶ 2的比例配成糖醋液，对白星花金龟有较好的诱杀作用。除糖醋液诱杀外，也可以利用白星花金龟成虫趋腐性，将腐烂果品装入大口容器里，置于白星花金龟发生较多的田间进行诱杀，减少白星花金龟成虫的为害。

**16. 油桐尺蠖**（*Buzura suppressaria* Guenee）（图6–4）又名大尺蠖、桉尺蠖、量步虫，属鳞翅目尺蛾科的一种食叶性害虫，幼虫食性较广，主要危害油桐等经济林。

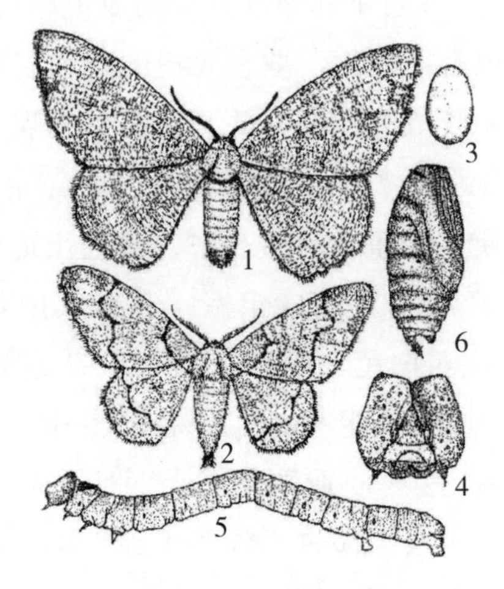


图 6–4　油桐尺蠖

1、2. 成虫　3. 卵　4. 幼虫头部放大　5. 幼虫　6. 蛹

（1）危害特点　油桐尺蠖是油桐树的主要害虫之一，寄主植物除柑橘及油桐以外，还有桃、板栗、枣、李、花椒、柿等，其危害范围广泛。其幼虫体形较大，食量也较大，严重发生时，可在短时间内将整株或整片果树、油桐林或柿园的新老叶片吃光，仅余秃枝。这是一种典型的暴食性害虫。

（2）形态特征　油桐尺蠖成虫为较大型蛾类。雌蛾体长 19 ～ 21 mm，翅展 52 ～ 55 mm。体灰白色。头部后缘及胸腹部各节末端有灰黄色鳞毛。雌蛾触角为丝状，雄蛾的触角为羽状。前翅白色，杂以灰黑色小点，自前缘至后缘有 3 条黄褐色波状纹，以近外缘的 1 条最为明显，雄蛾则为中间的 1 条不明显；后翅与前翅斑纹大致相同。腹部末端有 1 丛黄褐色绒毛。卵：卵块为圆形或椭圆形，卵粒重叠成堆，上面覆有黄褐色绒毛。卵粒为椭圆形，长径 0.7 ～ 0.8 mm，蓝绿色，将孵化时变成黑褐色。幼虫：幼虫一般为 6 龄。老熟幼虫体长可达 60 ～ 72 mm；初孵时呈灰褐色，2 龄以后逐渐变为青色，4 龄以后有深褐色、灰褐色、青绿色等变异，其体色是随环境而异的。头部密布棕色小斑点，头部中央向下凹，两侧呈角状突。前胸背面有 2 个小突起。气门为紫红色。腹部第六腹节有腹足 1 对。腹末第十腹节具有尾足，并常以其牢牢地把身体固定于枝条上，身体撑起作枯枝状。蛹：黑褐色，长 22 ～ 26 mm。背面密布刻点，头顶有角状小突起 2 个，中胸背面前缘两侧各有 1 个耳状突。腹部末节有臀棘，末端为长刺状。

（3）发生规律　河南年生 2 代，安徽、湖南年生 2 ～ 3 代，广东、广西年生 3 ～ 4 代。以蛹在土中越冬，翌年 3 ～ 4 月成虫羽化产卵。一代成虫发生期与早春气温关系很大，温度高始蛾期早。湖南长沙一代成虫寿命 6.5 天，二代 5 天；卵期一代 15.4 天，二代 9 天；幼虫期一代 33.6 天，二代 35.1 天；蛹期一代 36 天，越冬蛹期 195 天。广东英德成虫寿命 3 ～ 6 天，卵期 8 ～ 17 天，幼虫期 23 ～ 54 天，非越冬蛹 14 天左右。在柳州幼虫盛发期分别在 5 月上旬、7 月中旬和 9 月上旬。成虫多在晚上羽化，白天栖息在高大树木的主干上或建筑物的墙壁上，受惊后落地假死不动或做短距离飞行，有趋光性。

（4）防治方法　①人工捕杀。油桐尺蠖和一些其他尺蛾的成虫及幼虫的体形都较大，目标显著，尤其是成虫在清晨多静止不动，幼虫则喜撑在枝条的分叉等处长久不动，故在少量发生时可用人工捕杀。可通过挖捕杀，尤其是挖除越冬代和第一代蛹。也可刮除卵块杀灭害虫。②灯光诱杀。成虫有较强烈的趋光性，可利用诱虫灯诱杀。③化学防治。对初龄幼虫可用 2.5% 溴氰菊酯 3 000 倍液或 2.5% 高效氟氯氰菊酯 1 500 ～ 2 000 倍液喷雾；对 4 龄以上的幼虫，可用 48.5% 毒死蜱 1 500 倍液 +2.5% 氯氰菊酯乳剂 1 500 倍液 +1% 甲氨基阿维菌素苯甲酸盐 1 500 倍液 + 有机硅 3 000 倍液等助剂喷雾。

17. **柿毛虫** [*Lymantria dispar*（Linnaeus）] 又名舞毒蛾、秋千毛虫、赤杨毛虫，属鳞翅目毒蛾科。寄主范围广，达 500 余种。除为害柿树外，还为害苹果、梨、杏、李、柑橘、核桃等。分布华北、东北、西北及四川、贵州等地，是林果重要害虫之一。

（1）危害特点　幼虫蚕食叶片，严重时整个果林叶片被吃光，并舔食果实，降低果品质量。

（2）形态特征　成虫：雌蛾体色浅，黄白色。翅展 78 ～ 93 mm，前翅有不明显的黑色波状横纹 4 条，外缘有 7 ～ 8 个褐色斑点；中室外缘横脉有“<”形横纹，中部有一黑点。腹末膨大，密被淡黄色毛，末端有由暗棕色和黄棕色毛所组成的毛垫。雄蛾体瘦小，棕褐色，翅展 41 ～ 54 mm，花纹与雌蛾相同。卵：球形，灰黄色，孵化前呈紫褐色，上被黄褐色绒毛。幼虫：体色多变，有黑、黄、灰 3 色。胴部各体节有 6 个毛瘤，前后排成纵列，瘤上生毛，以气门下线一列的瘤毛最长，背上 2 列毛瘤色泽鲜艳，前 5 对为蓝色，后 7 对为红色。1 龄幼虫刚毛中间具有呈泡状扩大的毛，称为：“风帆”，幼虫能借此“风帆”随风扩散。蛹：纺锤形，暗褐色，被有锈黄色毛丛。

（3）发生规律　柿毛虫 1 年发生 1 代，已完成胚胎发育的小幼虫在卵壳内越冬，越冬处多在树干背面裂缝、梯田的堰缝、石缝等处。此虫在山区发生较多。如河北昌黎地区，4 月中旬幼虫开始破卵而出，初孵幼虫于卵块上待一段时间后，便群集于叶片上，白天静止止于叶背，夜间取食活动。幼虫受惊则吐丝下垂，可借风传播扩散。2 龄以后则分散取食。白天潜藏在树皮裂缝或爬到树下的土、石块缝中，傍晚时成群上树取食，天亮后又爬到树下隐蔽。4 龄以后虫体增长显著，食量剧增，5 月间危害最重。幼虫的爬行能力很强，一般可爬行数十米乃至数百米，最远可达数公里。幼虫期长达 45 天左右，经 6 个龄期。6 ～ 7 月份幼虫老熟，爬至树皮裂缝或树下杂草丛中及土、石缝内结茧进入前蛹期，2 天后幼虫蜕最后一次皮化蛹。蛹期 11 ～ 16 天，6 月中旬开始出现成虫。成虫有较强的趋光性。羽化后，雄虫白天在树间盘旋飞舞，雌成虫停于蛹壳附近不动，等候雄虫前来交尾。雌虫可分泌性外激素引诱雄蛾。成虫交尾后 1 天即可产卵。卵多产于直径 8 ～ 25 cm 粗的主枝上，距树干或中心干 50 cm 以外的阴面下方，或土、石缝间。产卵时腹部蠕动，摩擦鳞粉，并将腹部末端之黄褐色鳞毛盖于卵块表面。成虫产卵后第 7 天，幼虫即在胚内发育完成，但并不孵出，而在卵壳内滞育越冬。

（4）防治方法　①在柿毛虫成虫羽化盛期，用黑光灯或频振灯配高压电网进行诱杀成虫，灯与灯间的距离为 500 m，在灯诱的过程中，一定要注意对灯具周围的空地喷洒化学杀虫剂，及时杀死诱捕到的各种害虫。②根据柿毛虫成虫具有强趋化性的特点，特别是对雌蛾释放出的性信息素趋性更强，性信息素主要成分为顺 7，8- 环氧 2- 甲基十八碳烷，可利用性引诱剂制成诱捕器，它具有专一性，即只对柿毛虫有效果，所以能够集中歼灭。③在秋后或早春在幼虫未孵化前，结合整形修剪，收集树干和土、石隙间的卵块，将其置于远离柿园的纱笼中，保护寄生蜂正常羽化，飞回柿园，并消灭孵化幼虫。④注意掌握在舞毒蛾卵孵化高峰期，利用幼虫白天下树隐蔽的习性，在树下堆放石块，并在石块堆上喷药，也可将药喷在主干上，使幼虫在上、下树的过程中触药死亡，在傍晚以前喷药效果最好。常用药剂有：0.9% 阿维菌素、1.8% 阿维菌素、2.0% 阿维菌素的 2 000 ～ 4 000 倍液；在 5 月间，幼虫大量发生危害时，喷布青虫菌 6 号 500 ～ 1 000 倍液、25% 灭幼脲 3 号 1 500 倍液，或 20% 杀灭菊酯 3 000 倍液。

18. **柿斑叶蝉**（*Erythroneura* sp.） 属同翅目，叶蝉科。分布在河北、河南、山东、山西、江苏、浙江、四川等省。寄主于柿、枣、桃、李、葡萄、桑等。柿子受害严重时可造成早期落叶，易引起柿树衰弱，产量下降，品质降低。

（1）危害特点　主要危害柿、枣、桃、李、葡萄、桑等树种。以成虫、若虫在叶背面刺吸汁液，破坏叶绿素的形成。

（2）形态特征　成虫：体长 3 mm 左右，形似小蝉，全体淡黄白色。头部向前呈钝圆锥形突出，有淡绿色纵条斑 2 条，复眼淡褐色。前胸背板前缘有淡橘黄色斑点 2 个，后缘有同色横纹，横纹两端及中央向前突出，因而使前胸背板中央显现出一个淡色“山”字形斑纹。小盾片基部有橘黄色 V 形斑 1 个。前翅黄白色，基部、中部、端部各有 1 条橘红色不规则斜斑纹，翅面散生若干红褐色小点。卵：白色，长形稍弯曲，表面光滑。

（3）生活史及习性　1 年发生 2 代，以卵在当年枝梢皮层内越冬，越冬卵翌年 4 月下旬开始孵化，第一代若虫期历期近 1 个月，5 月中下旬为羽化盛期。成虫羽化后 3 天开始交尾，次日可产卵，卵期约 2 周，6 月中旬孵化出第二代若虫，7 月上旬第二代成虫出现。柿斑叶蝉越冬时，将产卵管插入冬季生枝条皮层内，卵粒散产，被产卵枝一般直径粗 3 ～ 4 mm。孵化后，若虫先集中在枝条茎部叶背面中脉附近，不甚活跃，随龄期增加逐渐分散。老龄若虫及成虫均栖息在叶背中脉两侧吸食汁液，被害叶片正面呈现褪绿斑点，严重时斑点密集成片，使全叶呈现苍白色，造成早期落叶。第一代成虫产卵在叶背面近中脉处。成虫和老龄若虫均很活跃，喜横着爬行，成虫受惊即起飞。

（4）防治方法　在若虫盛发期喷 20% 稻丰散 800 ～ 1 000 倍液（或 25% 噻嗪酮可湿性粉剂 1 000 倍液）+1.8% 阿维菌素 1 500 倍液 + 有机硅助剂 3 000 倍液等均可收到良好效果。在喷药时要均匀周到，特别是叶背。

19. **柿星尺蠖**（*Percnia giraffata* Guenee）　鳞翅目，尺蛾科。分布于河北、河南、山西、山东、四川、安徽、台湾等省和地区。

（1）危害特点　初孵幼虫啃食背面叶肉，并不把叶吃透形成孔洞，幼虫长大后分散为害将叶片吃光，或吃成大缺口。影响树势，造成严重减产。

（2）形态特征　成虫 体长约 25 mm，翅展 75 mm 左右，体黄翅白色，复眼黑色，触角黑褐色，雌丝状，雄短羽状。胸部背面有四上黑斑呈梯形排列。前后翅分布有大小不等的灰黑色斑点，外缘较密，中室处各有一个近圆形较大斑点。腹部金黄色，各节背面两侧各有 1 灰褐色斑纹。卵：椭圆形，初翠绿，孵化前黑褐色，数十粒成块状。幼虫：体长 55 mm 左右，头黄褐色并有许多白色颗粒状突起。背线呈暗褐色宽带，两侧为黄色宽带，上有不规则黑色曲线。胴部第 3、4 节显著膨大，其背面有椭圆形黑色眼状斑 2 个，斑外各具 1 月牙形黑纹。腹足和臀足各 1 对黄色，趾钩双序纵带。蛹：棕褐色至黑褐色，长 25 mm 左右，胸背两侧各有一耳状突起，由一横脊线相连，与胸背纵隆线呈十字形，尾端有 1 刺状臀棘。

（3）生活史及习性　华北年生 2 代，以蛹在土中越冬，越冬场所不同羽化时期也不同，一般越冬代成虫羽化期为 5 月下旬～ 7 月下旬，盛期 6 月下旬至 7 月上旬；第 1 代成虫羽化期为 7 月下旬～ 9 月中旬，盛期 8 月中下旬。成虫昼伏夜出，有趋光性。成虫寿命 10 天左右，每雌产卵 200 ～ 600 粒，多者达千余粒，卵期 8 天左右。第 1 代幼虫生于 7 月中、下旬。第 2 代幼虫为害盛期在 9 月上中旬。刚孵幼虫群集为害稍大分散为害。幼虫期 28 天左右，多在寄主附近潮湿疏松土中化蛹，非越冬蛹期 15 天左右。第 2 代幼虫 9 月上旬开始陆续老熟入土化蛹越冬。爬行时身体向上拱起，然后再拉开，类似于用尺子量长度，故名为尺蠖。危害方面主要是幼虫咬食树叶及幼茎，造成植株枯萎，直至死亡。

（4）防治方法　①晚秋或早春在树下或堰根等处刨蛹。②幼虫发生时，猛力摇晃或敲打树干，幼虫受惊坠落而下，可扑杀幼虫。③幼虫发生初期，可喷洒有机磷或菊酯类化学农药，如 50% 杀螟硫磷乳油 1 000 倍液，或 50% 马拉硫磷乳油 1 000 倍液，或 50% 辛硫磷乳油 1 000 倍液，或 20% 甲氰菊酯乳油 2 000 ～ 3 000 倍液，或 5% 来福灵乳油 2 000 ～ 3 000 倍液，或 37% 氯马乳油 1 500 ～ 2 000 倍液，或 20% 百虫净乳油 1 500 ～ 2 000 倍液，或 2.5% 功夫菊酯乳油 3 000 倍液。喷药周到细致，防治效果可达 95% ～ 100%。但最好使用生物制剂，如低龄幼虫可喷洒 Bt 乳油 300 倍液，高龄幼虫可用核角体病毒制剂。

**20. 柿广翅蜡蝉**（*Ricania sublimbata*）我国分布于黑龙江、山东、河南、陕西、湖北、湖南、四川、浙江、江苏、安徽、福建、台湾、重庆、广东、广西、贵州、江西、上海等地。危害柿、山楂、梨、桃、杏、枣、等40多种果树、林木、花卉、中药材、农作物、蔬菜及杂草等。

（1）危害特点 以成虫、若虫刺吸危害寄主嫩枝、幼叶、花蕾。若虫群集于叶背、果柄、枝梢上刺吸汁液，叶片被害后反卷、扭曲或失去光泽，严重时使叶片脱落；雌成虫除刺吸危害外，在产卵时用产卵器将寄主组织划破，伤口处常流胶，由于树体内水分由此大量流失，导致枝梢枯萎。同时在成、若虫危害时可分泌大量的蜜露，诱发煤烟病的发生。

（2）形态特征　成虫：体长 8.5 ～ 10 mm，翅展 24 ～ 26 mm，体黑褐色，翅棕褐色表面有绿色蜡粉，前翅前缘中部有三角形白斑。卵：长椭圆形，乳白色，长约 0.7 mm，产在嫩枝皮内，卵痕长 1.8 cm。若虫：体长 6 ～ 7 mm，体被白色蜡丝。

（3）生活史及习性 此虫湖北 1 年发生 2 代，以卵于常绿木本植物如女贞、柑橘、黄杨、樟树、油橄榄等嫩枝条、叶柄或叶背主脉上越冬。翌年 4 月上旬第 1 代若虫开始孵化，4 月中旬进入孵化高峰期，6 月上旬始见第 1 代成虫，6 月中下旬进入羽化盛期。第 2 代卵始见于 6 月中旬，7 月上旬为产卵高峰期。7 月中旬始见第 2 代若虫孵化，7 月下旬进入孵化盛期。第 2 代成虫始见于 8 月中旬，8 月下旬为羽化高峰期，9 月上旬开始产越冬卵，9 月中旬为越冬卵发育期。据室内饲养观察，成虫寿命为 7 ～ 8 天。成虫产卵期为 4 ～ 6 天，卵期：越冬代为 190 天左右，非越冬代为 45 天左右。若虫历期：1 龄为 16 ～ 18 天，2 龄为 12 ～ 16 天，3 龄为 7 ～ 10 天，4 龄为 13 ～ 17 天。

成虫全天均可羽化。刚羽化成虫头部白色，胸部背面略带褐色，翅白色透明，腹部背面呈淡绿色，腹面浅灰色，足灰色。腹末无棉絮状蜡丝，羽化后不久翅变为灰黑色，头、胸、腹变为灰褐色，复眼红色，全体变为深黄褐色。成虫具趋光性，极善跳，交尾多于下午 5 ～ 6 时进行。雌虫交配后不久即行产卵，产卵时先用产卵器绕枝梢或叶背主脉刺破表皮，将卵产于木质部中，全天以傍晚产卵最盛。卵呈块状。单雌可产卵 3 ～ 7 块，平均为 5 块，单雌抱卵量为 50 ～ 130 粒，平均为 90 粒。若虫全天以上午孵化最多，孵化率可达 90%。初孵若虫常群集于卵块周围的叶背或枝梢，3 龄后分散到嫩叶、枝梢、花蕾上吸食危害，4 龄时进入危害高峰期。柿广翅蜡蝉的天敌有晋草蛉、中华草蛉、大草蛉、小花蝽、猎蝽、步甲、异色瓢虫及蜘蛛等，对柿广翅蜡蝉的种群数量具有一定的控制作用。

（4）防治方法　①冬季或早春结合修剪及田间管理，清除杂草，将剪除的带卵枝梢携出园外，集中烧毁或深埋，以降低虫源基数。合理增施基肥，增强树势。②柿广翅蜡蝉成虫趋色性强，可用黄色色板诱杀。在若虫盛发期可将装洗衣粉水的盆接在茶树下，用力摇晃茶树，集中消灭。③于各代若虫孵化盛期喷洒 10% 吡虫啉可湿性粉剂 2 500 倍液，40% 毒死蜱乳油 1 000 倍液，10% 溴虫腈悬浮剂 2 500 倍液，50% 马拉硫磷乳油 800 ～ 1 000 倍液，1% 阿维菌素乳油 2 000 倍液，20% 灭扫利乳油 2 000 倍液，2.5% 功夫乳油 2 000 倍液，均有防效。由于虫体被有蜡粉，在药液中混用含油量 0.3% ～ 0.4% 柴油乳剂或黏土柴油乳剂，可提高防治效果。

防治适期应选择在柿广翅蜡蝉一至三龄若虫期，在孵化高峰期防治效果最佳。

21. **绿盲蝽**（*Apolygus lucorμm* Meyer-Dür.（图 6–5）

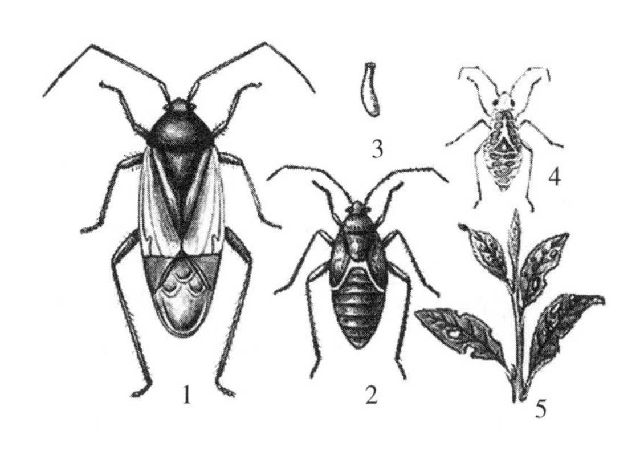


图 6–5 绿盲蝽

1. 雄成虫 2. 雌成虫 3. 卵 4. 若虫 5. 为害状

（1）为害特点 成、若虫刺吸棉株顶芽、嫩叶、花蕾及幼铃上汁液，幼芽受害形成仅剩两片肥厚子叶的“公”棉花。叶片受害形成具大量破孔、皱缩不平的“破叶疯”。腋芽、生长点受害造成腋芽丛生，破叶累累似扫帚苗。幼蕾受害变成黄褐色干枯或脱落。棉铃受害黑点满布，僵化落铃。

（2）形态特征 成虫体长 5 mm，宽 2.2 mm，绿色，密被短毛。头部三角形，黄绿色，复眼黑色突出，无单眼，触角 4 节丝状，较短，约为体长 2/3，第 2 节长等于 3、4 节之和，向端部颜色渐深，1 节黄绿色，4 节黑褐色。前胸背板深绿色，布许多小黑点，前缘宽。小盾片三角形微突，黄绿色，中央具 1 浅纵纹。前翅膜片半透明暗灰色，余绿色。足黄绿色，肠节末端、财节色较深，后足腿节末端具褐色环斑，雌虫后足腿节较雄虫短，不超腹部末端，跗节 3 节，末端黑色。

卵长 1 mm，黄绿色，长口袋形，卵盖奶黄色，中央凹陷，两端突起，边缘无附属物。若虫 5 龄，与成虫相似。初孵时绿色，复眼桃红色。2 龄黄褐色，3 龄出现翅芽，4 龄超过第 1 腹节，2、3、4 龄触角端和足端黑褐色，5 龄后全体鲜绿色，密被黑细毛；触角淡黄色，端部色渐深。眼灰色。

（3）生活史及习性　北方年生 3 ～ 5 代，运城 4 代，陕西泾阳、河南安阳 5 代，江西 6 ～ 7 代，以卵在棉花枯枝铃壳内或苜蓿、蓖麻茎秆、茬内、果树皮或断枝内及土中越冬。翌春 3 ～ 4 月旬均温高于 10℃或连续 5 日均温达 11℃，相对湿度高于 70%，卵开始孵化。第 1、2 代多生活在紫云荚、苜蓿等绿肥田中。成虫寿命长，产卵期 30 ～ 40 天，发生期不整齐。成虫飞行力强，喜食花蜜，羽化后 6、7 天开始产卵。非越冬代卵多散产在嫩叶、茎、叶柄、叶脉、嫩蕾等组织内，外露黄色卵盖，卵期 7 ～ 9 天。6 月中旬棉花现蕾后迁入棉田，7 月达高峰，8 月下旬棉田花蕾渐少，便迁至其他寄主上为害蔬菜或果树。果树上以春、秋两季受害重。主要天敌有寄生蜂、草蛉、捕食性蜘蛛等。

（4）防治方法　①早春越冬卵孵化前，清除棉田及附近杂草，当卵已孵化则应在越冬虫源寄主上喷洒 50% 甲胺磷乳油或 50%甲基对硫磷 1 500 倍液，可减少越冬虫源。②从棉花苗期至蕾铃期当百株有成、若虫 1 ～ 2 头或新被害株达 3%时，马上用 40%久效磷乳油或 50%甲胺磷药液滴心，可有效防治多种盲熔、蚜虫及叶螨，且不伤害天敌昆虫。方法参见棉蚜。③成株期喷洒 35%赛丹乳油或 10% 吡虫啉可湿性粉剂或 10%除尽乳油或 20%灭多威乳油 2 000 倍液、5%抑太保乳油、25%广克威乳油 2 000 倍液、50%甲基对硫磷 1 500 倍液、

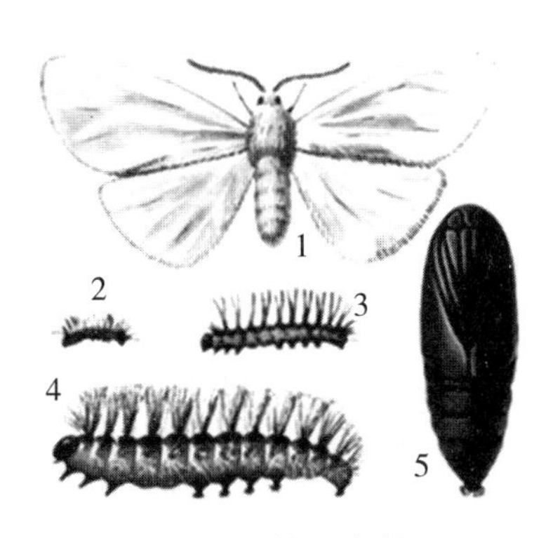


图 6-6　美国白蛾

1. 成虫　2 ～ 4. 幼虫　5. 蛹

25%硫双威乳油 1 500 倍液、5.7%百树菊酯乳油 2 000 倍液、43%新百灵乳油（辛 · 氟氯氰乳油）1 500 倍液。

22. **美国白蛾**（*Hyphantria cunea*）（图 6-6）是灯蛾科、白蛾属蛾类，为白色蛾子。是一种国际检疫性害虫，它的适应性强，繁殖量大，寄主数量多，传播途径广，危害极大，严重影响花卉、蔬菜、杂草、农作物，园林树木等植物的生长，被林业工作者形象地称为“无烟的火灾”，也就是说危害之处，严重到颗粒无收。

（1）为害特点　主要以幼虫取食植物叶片危害，其取食量大，为害严重时能将寄主植物叶片全部吃光，并啃食树皮，从而削弱了树木的抗害、抗逆能力，严重影响果树生长造成减产减收，甚至绝产，被称为“无烟的火灾”。

（2）形态特征　成虫：为白色蛾子，雌蛾体长 9 ～ 15 mm，翅展 30 ～ 42 mm；雄蛾体长 9 ～ 13 mm，翅展 25 ～ 36 mm。雄蛾触角腹面黑褐色，双栉齿状，黑色，长 5 mm，内侧栉齿较短，约为外侧栉齿的 2/3，下唇须小，外侧黑色，内侧白色，口器短而纤细。胸部背面密布白毛，多数个体腹部白色，无斑点，少数个体腹部黄色，上有黑点。雄蛾触角多数前翅散生几个或多个黑褐色斑点；雌蛾触角锯齿状，褐色，复眼黑褐色，无光泽，半球形，大而突出。前翅多为纯白色，少数个体有斑点。后翅一般为纯白色或近边缘处有小黑点。成虫前足基节及腿节端部为橘黄色，胫节和跗节外侧为黑色，内侧为白色。前中跗节的前爪长而弯，后爪短而直。成虫寿命一般在 4 ～ 8 天。卵圆球形，直径 0.5 ～ 0.53 mm 左右。卵表面有许多规则的凹陷刻纹，初产的卵淡绿色或黄绿色，有较强的光泽，以后逐渐加深为黄绿色，孵化前呈灰褐色，顶部呈褐色。卵粒数在数百粒至上千粒不等，呈不规则块状单层排列，大小为 2 ～ 3 $cm^2$，覆盖白色鳞毛。幼虫：初孵幼虫一般为黄色或淡褐色。老熟幼虫头部黑色，有光泽，头宽 2.4 ～ 2.7 mm，体长 22 ～ 37 mm，头宽大于头高。细长，圆筒形，背部有 1 条黑色宽纵带，各体节毛瘤发达，毛瘤上着生白色或灰白色杂黑色及褐色长刚毛的毛丛，背部毛瘤黑色，体侧毛瘤多为橘黄色；气门白色，长椭圆形，边缘黑褐色；腹面黄褐色或浅灰色；胸足黑色，臀足发达，腹足外侧黑色，基部和端部黄褐色，腹足趾钩单序，异形中带，中间趾钩 10 ～ 14 根，等长，两侧各具 10 ～ 12 根。蛹：初淡黄色，后变暗红褐色，体长 8 ～ 15 mm，宽 3 ～ 6 mm。雄蛹瘦小，背中央有一条纵脊，雌蛹较肥大。腹部末端有排列不整齐的臀棘 10 ～ 15 根，臀棘末端膨大呈喇叭口状。蛹外被有黄褐色或暗灰色薄丝质茧，茧上的丝混杂着幼虫的体毛共同形成网状物。

（3）生活史及习性　成虫具有“趋光”“趋味”“喜食”3

个特性，对气味较为敏感，特别是对腥、香、臭味最敏感。一般在卫生条件较差的厕所、畜舍、臭水坑等周围树木，极易发生疫情。成虫喜欢夜间活动和羽化，雌蛾喜欢在光照充足的植物上面活动及产卵，所以见光多的植物枝条和叶片受害较重。

（4）防治方法　①人工物理防治：当美国白蛾幼虫吐丝结网时，在树木外缘可见其较明显的网幕。当其处于网幕期时，则可用人工剪除网幕，并就地销毁，再对周围百米范围内进行喷药，可以获得较好的防治效果。美国白蛾化蛹时，通常会选择树皮缝、土石块下、林冠下的杂草枯枝落叶层或是土壤表层内、建筑物缝隙等处进行越冬或是越夏，因此在其蛹期则可以采取人工挖蛹的方式，这种方法无公害，而且效果较好。美国白蛾成虫具有趋光性，可以通过悬挂杀虫灯来对成虫进行诱杀。通常情况下以百米间距为准进行挂灯，挂灯处不宜有高大障碍物，即每天从 19：00 至次日 6：00 利用灯光对美国白蛾进行诱杀。美国白蛾存在幼虫下树化蛹的特性，因此对于幼虫下树前，可在树干 1.5 m 高处围成下紧上松的草把，诱集幼虫集中化蛹，通常情况下每隔一周换 1 次，将解下的草把连同幼虫集中进行销毁。另外，也可以在成虫羽化期间对其进于捕捉，由于成虫羽化通常发生在 16：00 ～ 18：00，且多集中在直立物体上，可以在这个时间段人工捕捉成虫。②生物防治：采用生物防治方法来防治美国白蛾病害时，主要是基于生物物种之间的相互关系来对其种群增长进行抑制。生物防治方法具有较强的选择性，而且不会对生态环境带来污染，对一些资金缺乏、人为活动频繁及无法喷药的区域具有较好的适用性。在生物防治法中，具体可以采用白蛾周氏啮小蜂、病毒和细菌类生物制剂及性信息素等方法来达到防治目的。在美国白蛾成长过程中，当其处于蛹期时，周氏啮小蜂作为其主要寄生蜂，以群集的方式在美国白蛾蛹内寄生。具体防治工作开展时，宜利用淹没式释放法，分别在白蛾幼虫期和化蛹初期进行1次放蜂，以此来实现对美国白蛾种群数量的迅速控制，能够达到持续防控的效果。当采用病毒类生物制剂时，则需要基于不同的病毒优缺点来针对白蛾不同生长期进行施治。如多角体病毒虽然对美国白蛾的致病力能够达到较高水平，但病毒制剂存在显效慢的弊端，因此多用于幼虫期进行防治。目前研发出来的苏云金杆菌，其作为细菌类生物制剂，对于各龄期幼虫都具有较好的防治效果，而且没有公害。另外，当采用性信息素来防治美国白蛾时，在林间挂设昆虫诱杀器，达到诱捕雌成虫的目的，从而达到阻断害虫交尾，降低繁殖率。③化学防治：化学防治是防治美国白蛾最为基本的方法，具有快速、易操作和经济性的特点。化学防治过程中很难做到不污染自然环境，而且在杀伤美国白蛾过程中还会将其天敌一起杀死，导致害虫产生抗药性。因此在化学防治时，尽量采用高效、低毒和环保的新型杀虫剂，并采用人工喷洒、飞机喷洒和树干涂刷药环等方式来进行灭杀。当前灭杀美国白蛾的传统化学农药主要以胃毒和触杀型化学农药为主，在具体使用时，对于同一种药剂不宜重复使用，可有效防止害虫产生耐药性。对于下树化蛹的美国白蛾宜采用8%绿色威雷触破式微胶囊剂，使用时，可以对其进行稀释，利用喷雾器在树干1.5 m处呈环状喷雾，可以达到非常好的防治效果。当前一些抗生素类新型农药不断面世，如可以将阿维菌素乳油杀虫剂进行稀释后进行喷洒，具有速效、环保 的特点，能够使害虫麻痹致死。当前还有一种以植物作为原料制备的杀虫剂，通常以1.2%烟参碱乳油和0.36%苦参碱水杀虫剂为代表，具有高效、广谱和环保等特点，对于2～3龄幼虫具有较好的防治效果，幼虫死亡率可达99%以上。另外，在灭杀美国白蛾时还可以采用仿生制剂，目前仿生制剂种类也较多，有能够长期保存的仿生药剂，可以使美国白蛾无法正常蜕皮，将其在2～3龄幼虫时期进行应用具有较好的防治效果。还有的仿生制剂具有较长的药效，在使用过程中能够达到较好的灭虫效果。

**23. 苹掌舟蛾**（*Phalera flavescens* Bremer & Grey,1852）（图6-7）是舟蛾科掌舟蛾属的一种昆虫。

（1）危害特点　蛀茎害虫；刺吸害虫；地下害虫幼虫食害叶片，受害树叶片残缺不全，或仅剩叶脉，大发生时可将全树叶片食光，造成二次开花，影响产量，危及树势。

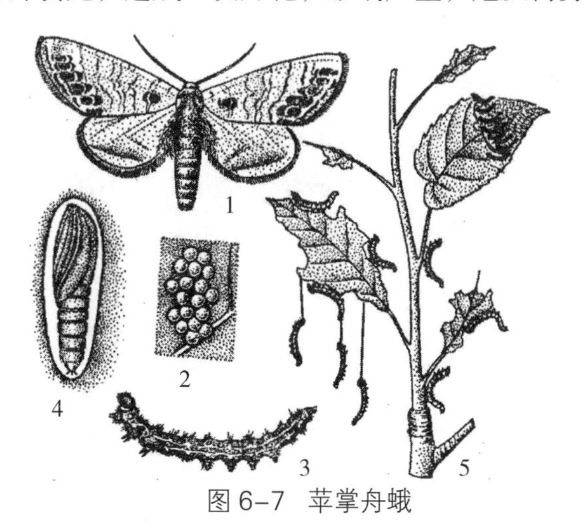


图6-7　苹掌舟蛾

1. 成虫　2. 卵　3. 幼虫　4. 蛹　5. 被害状

（2）形态特征　成虫：苹掌舟蛾体长 22 ～ 25 mm，翅展 49 ～ 52 mm，头胸部淡黄白色，腹背雄虫残黄褐色，雌蛾土黄色，末端均淡黄色，复眼黑色球形。触角黄褐色，丝状，雌触角背面白色，雄各节两侧均有微黄色茸毛。前翅银白色，在近基部生 1 长圆形斑，外缘有 6 个椭圆形斑，横列成带状，各斑内端灰黑色，外端茶褐色，中间有黄色弧线隔开；翅中部有淡黄色波浪状线 4 条；顶角上具两个不明显的小黑点。后翅浅黄白色，近外缘处生 1 褐色横带，有些雌虫消失或不明显。卵：球形，直径约 1 mm，初淡绿后变灰色。幼虫：末龄幼虫体长 55 mm 左右，被灰黄长毛。头、前胸盾、臀板均黑色。胴部紫黑色，背线和气门线及胸足黑色，亚背线与气门上、下线紫红色。体侧气门线上下生有多个淡黄色的长毛簇。蛹：长 20 ～ 23 mm，暗红褐色至黑紫色。中胸背板后缘具 9 个缺刻，腹部末节背板光滑，前缘具 7 个缺刻，腹末有臀棘 6 根，中间 2 根较大，外侧 2 个常消失。

（3）生活史及习性　苹掌舟蛾 1 年发生 1 代。以蛹在寄主根部或附近土中越冬。在树干周围半径 0.5 ～ 1.0 m，深度 4 ～ 8 cm 处数量最多。成虫最早于次年 6 月中、下旬出现；7 月中、下旬羽化最多，一直可延续至 8 月上、中旬。成虫多在夜间羽化，以雨后的黎明羽化最多。白天隐藏在树冠内或杂草丛中，夜间活动；趋光性强。羽化后数小时至数日后交尾，交尾后 1 ～ 3 天产卵。卵产在叶背面，常数十粒或百余粒集成卵块，排列整齐。卵期 6 ～ 13 天。幼虫孵化后先群居叶片背面，头向叶缘排列成行，由叶缘向内蚕食叶肉，仅剩叶脉和下表皮。初龄幼虫受惊后成群吐丝下垂。幼虫的群集、分散、转移常因寄主叶片的大小而异。为害梅叶时转移频繁，在3龄时即开始分散；为害苹果、杏叶时，幼虫在4龄或5龄时才开始分散。幼虫白天停息在叶柄或小枝上，头、尾翘起，形似小舟，早晚取食。幼虫的食量随龄期的增大而增加，达4龄以后，食量剧增。幼虫期平均为31天，8月中、下旬为发生为害盛期，9月上、中旬老熟幼虫沿树干下爬，入土化蛹。

（4）防治方法　①人工防治：苹掌舟蛾越冬的蛹较为集中，春季结合果园耕作，刨树盘将蛹翻出；在7月中、下旬至8月上旬，幼虫尚未分散之前，巡回检查，及时剪除群居幼虫的枝和叶；幼虫扩散后，利用其受惊吐丝下垂的习性，振动有虫树枝，收集消灭落地幼虫。②生物防治：在卵发生期，即7月中下旬释放松毛虫赤眼蜂灭卵，效果好。卵被寄生率可达95%以上，单卵蜂是5～9头，平均为5.9头。此外，也可在幼虫期喷洒每克含300亿孢子的青虫菌粉剂1 000倍液。发生量大的果园，在幼虫分散为害之前喷洒青虫菌悬浮液1 000～1 500倍液，防治效果可达94%～100%；使用25%灭幼脲3号、苏脲1号悬浮剂1 000～2 000倍液，防治效果达86.1%～93.3%，但作用效果缓慢，到蜕皮时才表现出较高的死亡率。苹掌舟蛾的寄生性天敌有日本追寄蝇（*Exorista japonica* Townsend）和家蚕追寄蝇（*Exorista sorbillans* Wiedemann）、松毛虫赤眼蜂。③药剂防治：药剂为48%乐斯本乳油1 500倍液、40%乙酰甲胺磷乳油1 000倍液、90%敌百虫晶体800倍液、50%杀螟松乳油1 000倍液。

24. 天幕毛虫（*Malacosoma neustria testacea* Motsch）

（1）为害特点　常在刚孵化幼虫群集于一枝，吐丝结成网幕，食害嫩芽、叶片，随生长渐下移至粗枝上结网巢，白天群栖巢上，夜出取食，5 龄后期分散为害，严重时全树叶片吃光（郑州兴农网）。

（2）形态特征　成虫形态特征：雌雄差异很大。雌虫体长 18 ～ 20 mm，翅展约 40 mm，全体黄褐色。触角锯齿状。前翅中央有 1 条赤褐色宽斜带，两边各有 1 条米黄色细线；雄虫体长约 17 mm，翅展约 32 mm，全体黄白色。触角双栉齿状。前翅有 2 条紫褐色斜线，其间色泽比翅基和翅端部的为淡。卵形态特征：圆柱形，灰白色，高约 1.3 mm。每 200 ～ 300 粒紧密黏结在一起环绕在小枝上，如“顶针”状。幼虫形态特征：低龄幼虫身体和头部均黑色，4 龄以后头部呈蓝黑色。末龄幼虫体长 50 ～ 60 mm，背线黄白色，两侧有橙黄色和黑色相间的条纹，各节背面有黑色瘤数个，其上生许多黄白色长毛，腹面暗褐色。腹足趾钩双序缺环。蛹形态特征：初为黄褐色，后变黑褐色，体长 17 ～ 20 mm，蛹体有淡褐色短毛。化蛹于黄白色丝质茧中。

（3）生活史及习性　1 年发生 1 代。已完成胚胎发育的幼虫在卵壳内越冬。第二年果树发芽后，幼虫孵出开始为害。成虫发生盛期在 6 月中旬，羽化后即可交尾产卵。在辽西产区，于 5 月上、中旬，幼虫转移到小枝分杈处吐丝结网，白天潜伏网中，夜间出来取食。幼虫经 4 次蜕皮，于 5 月底老熟，在叶背或果树附近的杂草上、树皮缝隙、墙角、屋檐下吐丝结茧化蛹。蛹期 12 天左右。

（4）防治方法　①人工防治：在梨树冬剪时，注意剪掉小枝上的卵块，集中烧毁。春季幼虫在树上结的网幕显而易见，在幼虫分散以前，及时捕杀。分散后的幼虫，可振树捕杀；②物理防治：成虫有趋光性，可在果园里放置黑光灯或高压汞灯防治；③生物防治：结合冬季修剪彻底剪除枝梢上越冬卵块。如认真执行，收效显著。为保护卵寄生蜂，将卵块放入天敌保护器中，使卵寄生蜂羽化飞回果园。另外是保护鸟类；天敌：天幕毛虫抱寄蝇、枯叶蛾绒茧蜂、柞蚕饰腹寄蝇、脊腿匙鬃瘤姬蜂、舞毒蛾黑卵蜂、稻苞虫黑瘤姬蜂，核型多角体病毒等。④药剂防治：常用药剂为 80% 敌敌畏乳油 1 500 倍液或 52.25% 农地乐乳油 2 000 倍液、90% 敌百虫晶体 1 000 倍液、50% 辛硫磷乳油 1 000 倍液、25% 爱卡士乳油或 50% 混灭威乳油或 50% 对硫磷乳油 1 500 倍液、50% 杀螟松乳油或 50% 马拉硫磷乳油 1 000 倍液；10% 溴马乳油、20% 菊马乳油 2 000 倍液；2.5% 功夫或 2.5% 敌杀死乳油 3 000 倍液；10% 天王星乳油 4 000 倍液。

25. **黄刺蛾** [*Cnidocampa flavescens*（Walker）] 属鳞翅目、刺蛾科。国内除甘肃、宁夏、青海、新疆及西藏外，其他省均有分布。

（1）为害特点　以幼虫为害枣、核桃、柿、枫杨、苹果、杨等 90 多种植物，可将叶片吃成很多孔洞、缺刻或仅留叶柄、主脉，严重影响树势和果实产量。

（2）形态特征　成虫：雌蛾体长 15 ～ 17 mm，翅展 35 ～ 39 mm；雄蛾体长 13 ～ 15 mm，翅展 30 ～ 32 mm。体橙黄色，前翅黄褐色，自顶角有一条细斜线伸向中室，斜线内为黄色，斜线为褐色；在褐色部分有一条深褐色细线自顶角伸向后缘中部，中室有一黄褐色圆点，后翅灰黄色。卵：

扁椭圆形，长约 1.5 mm，淡黄色，卵膜上有龟状刻纹。幼虫：老熟幼虫体长 19 ～ 25 mm，体形粗大。头部黄褐色，隐藏于前胸下，胸部黄绿色。虫体自第二节起，各节背线两侧有一对枝刺，以第三、四、十节的为大，枝刺上长有黑色刺毛。体背有紫褐色哑铃斑纹，末节背面有 4 个褐色小斑，体两侧各有 9 个枝刺，体侧中部有 2 条蓝色纵纹。气门上线淡青色，气门下线淡黄色。蛹：椭圆形，粗大，体长 13 ～ 15 mm，淡黄褐色，头、胸部背面黄色，腹部各节背面有褐色背板。茧椭圆形，坚硬，石灰质，黑褐色，有灰白色不规则纵条纹，似雀蛋。

（3）生活史及习性　越冬幼虫一般于 5 月中下旬化蛹，5 月下旬至 6 月上旬成虫羽化，交尾产卵为 5 月下旬至 6 月中旬。6 ～ 7 月为第一代幼虫危害期。6 月下旬至 8 月中旬为蛹期，7 月末至 8 月上旬为第一代成虫羽化产卵期。第二代幼虫 8 月上旬至 9 月中旬发生危害，9 月下旬至 10 月幼虫老熟，陆续结茧越冬。越冬茧在树冠中、上部枝杈阴面分布多于阳面。成虫多在傍晚 5 时至 10 时羽化，成虫夜间活动交尾，趋光性不强。雌蛾产卵多在叶背，常数粒成块，每雌蛾产卵 49 ～ 67 粒，成虫寿命 4 ～ 7 天。幼虫多在白天孵化，初孵化幼虫先取食卵壳，然后取食叶片下表皮和叶肉，留下上表皮，形成透明小斑，两天后小斑连成块。3 龄前幼虫群集取食，3 龄后幼虫逐渐分散取食；4 龄幼虫蚕食叶片成孔洞；5 ～ 7 龄幼虫进入暴食期，食尽叶片，只残存叶主脉和叶柄。幼虫共 7 龄，共需 22 ～ 33 天。幼虫老熟开始在枝杈作茧，茧初期透明，可见幼虫活动情况，后凝结成硬茧，初灰白色，不久变褐色，并有白色纵纹。1 年 2 代的第一代幼虫结的茧小而薄，第二代茧大而厚。

黄刺蛾天敌有5种以上，重要天敌为上海青蜂、健壮刺蛾寄蝇、螳螂、刺蛾广肩小蜂、核型多角体病毒等。

（4）防治方法　①人工防治：冬春季，结合树体管理摘除越冬茧，集中杀死。3龄前幼虫群集危害期，寻找具透明斑的叶片和幼虫，摘虫叶集中杀死。②生物防治：在幼虫幼龄期，在树冠喷苏云金杆菌（100亿孢子/mL）1 000倍液。保护利用天敌。③化学防治：在幼虫3龄前树冠喷48%毒死蜱乳油1 500倍液+2.5%氯氰菊酯乳剂1 500倍液+1%甲氨基阿维菌素苯甲酸盐乳油2 000倍液+有机硅3 000倍液等助剂。

26. **褐边绿刺蛾**（*Latoia consocia* Walker）　也称青刺蛾、褐缘绿刺蛾、四点刺蛾、曲纹绿刺蛾、洋辣子。属鳞翅目、刺蛾科绿刺蛾属。寄于大叶黄杨、玉米、月季、柿、等果树和杨、柳、悬铃木、榆等林木。幼虫取食叶片，低龄幼虫取食叶肉，仅留表皮，老龄时将叶片吃成孔洞或缺刻，有时仅留叶柄，严重影响树势。

（1）为害特点　以幼虫危害核桃、枫杨、柿、桃、李、麻栋、悬铃木、紫荆等50余种果树、林木。

（2）形态特征　成虫：雌蛾体长15～17 mm，翅展36～40 mm。雄蛾体长12～15 mm，翅展28～36 mm。头部粉绿色，复眼黑褐色。触角褐色，雌蛾触角丝状，雄蛾触角单栉齿状。胸背粉绿色，足褐色。前翅粉绿色，基角有略带放射状的褐色斑纹，外缘有浅褐色线，缘毛深褐色；后翅及腹部浅褐色，缘毛褐色。但有个别个体前翅及胸背变为黄色。卵：扁椭圆形，长径1.2～1.3 mm，短径0.8～0.9 mm。浅黄绿色。幼虫：老熟幼虫体长 24 ～ 27 mm，宽 7 ～ 8.5 mm。头红褐色，前胸背板黑色，虫体翠绿色，背线黄绿色至浅蓝色。中胸及腹部第八腹节各有一对蓝黑色斑，后胸至第七腹节，每节有 2 对蓝黑色斑；亚背线带红棕色；中胸至第九腹节，每节着生棕色枝刺 1 对，刺毛黄棕色，并夹杂几根黑色毛。体侧翠绿色，间有深绿色波状条纹。自后胸至腹部第九节腹侧腹面均具突 1 对，上着生黄棕色刺毛。腹部第八、九腹节各着生黑绒球状毛丛 1 对。蛹：卵圆形，长 15 ～ 17 mm，宽 7 ～ 9 mm。棕褐色。茧近圆筒形，长 14.5 ～ 16.5 mm，宽 7.5 ～ 9.5 mm，棕褐色。

（3）生活史及习性　在东北和华北地区 1 年发生 1 代，河南和长江下游地区发生 2 代，江西发生 2 或 3 代。在发生 1 代的地区，越冬幼虫于 5 月中下旬开始化蛹，6 月上中旬羽化。卵期 7 天左右。幼虫在 6 月下旬孵化，8 月为害重，8 月下旬至 9 月下旬，幼虫老熟入土结茧越冬；在发生 2 代区，越冬幼虫于 4 月下旬至 5 月上中旬化蛹，成虫发生期在 5 月下旬至 6 月上中旬，第一代幼虫发生期在 6 月末至 7 月，成虫发生期在 8 月中下旬。第二代幼虫发生在 8 月下旬至 10 月中旬，10 月上旬幼虫陆续老熟，在枝干上或树干基部周围的土中结茧越冬。

（4）防治方法　①人工防治。越冬期土壤结冻前后，人工挖越冬茧，集中烧毁，在 3 龄前幼虫群集时，摘除有虫叶片集中杀死。②灯光诱杀。在成片柿树林挂黑光灯诱杀成虫。③化学防治。在幼虫 3 龄前，树冠喷 2.5% 溴氰菊酯 3 000 倍液（2.5% 氯氟氰菊酯 2 000 倍液）+1% 甲氨基阿维菌素苯甲酸盐 2 000 倍液 + 有机硅 3 000 倍液等助剂。

**27. 扁刺蛾**（*Thosea sinensis* Waiker.）　为鳞翅目、刺蛾科扁刺蛾属的一个物种。分布在全国各地，黄河故道以南、江浙太湖沿岸及江西中部发生较多。除危害枣外，还危害苹果、梨、桃、梧桐、枫杨、白杨、泡桐、柿子等多种果树和林木。

（1）为害特点　以幼虫取食叶片为害，发生严重时，可将寄主叶片吃光，造成严重减产。

（2）形态特征　成虫：雌蛾体长 13 ～ 18 mm，翅展 28 ～ 35 mm。体暗灰褐色，腹面及足的颜色更深。前翅灰褐色、稍带紫色，中室的前方有一明显的暗褐色斜纹，自前缘近顶角处向后缘斜伸。雄蛾中室上角有一黑点（雌蛾不明显）。后翅暗灰褐色。卵扁平光滑，椭圆形，长 1.1 mm，初为淡黄绿色，孵化前呈灰褐色。幼虫：老熟幼虫体长 21 ～ 26 mm，宽 16 mm，体扁、椭圆形，背部稍隆起，形似龟背。全体绿色或黄绿色，背线白色。体两侧各有 10 个瘤状突起，其上生有刺毛，每一体节的背面有 2 小丛刺毛，第四节背面两侧各有一红点。蛹长 10 ～ 15 mm，前端肥钝，后端略尖削，近似椭圆形。初为乳白色，近羽化时变为黄褐色。茧长 12 ～ 16 mm，椭圆形，暗褐色，形似鸟蛋。

（3）生活史及习性　在四川、广西等地 1 年发生 2 代；少数 3 代，江西 1 年发生 2 代。均以老熟幼虫在寄主树干周围土中结茧越冬。越冬幼虫 4 月中旬化蛹，成虫 5 月中旬至 6 月初羽化。第一代发生期为 5 月中旬至 8 月底，第二代发生期为 7 月中旬至 9 月底。少数的第三代始于 9 月初止于 10 月底。第一代幼虫发生期为 5 月下旬至 7 月中旬，盛期为 6 月初至 7 月初；第二代幼虫发生期为 7 月下旬至 9 月底，盛期为 7 月底至 8 月底。成虫羽化多集中在黄昏时分，尤以 18 ～ 20 时羽化最多。成虫羽化后即行交尾产卵，卵多散产于叶面，初孵化的幼虫停息在卵壳附近，并不取食，蜕第一次皮后，先取食卵壳，再啃食叶肉，仅留 1 层表皮。幼虫取食不分昼夜。自6龄起,取食全叶,虫量多时,常从一枝的下部叶片吃至上部,每枝仅存顶端几片嫩叶。幼虫期共 8 龄，老熟后即下树入土结茧，下树时间多在晚 8 时至翌日清晨 6 时，而以后半夜 2 ～ 4 时下树的数量最多。结茧部位的深度和距树干的远近与树干周围的土质有关：粘土地结茧位置浅，距离树干远，比较分散；腐殖质多的土壤及砂壤土地，结茧位置较深，距离树干较近，而且比较集中。

（4）防治方法　①冬耕灭虫。结合冬耕施肥，将根际落叶及表土埋入施肥沟底，或结合培土防冻，在根际 30 cm 内培土 6 ～ 9 cm，并稍予压实，以扼杀越冬虫茧。②生物防治。可喷施每毫升 0.5 亿个孢子青虫菌菌液。③化学防治。可喷施 90% 晶体敌百虫、50% 马拉松、25% 亚胺硫磷乳剂 1 000 ～ 1 500 倍液、50% 杀螟松 1000 倍液，或 80% 敌敌畏乳 1 500 倍液。发生严重的年份，在卵孵化盛期和幼虫低龄期喷洒 1 500 倍 25% 天达灭幼脲 3 号液、或 20% 天达虫酰肼 2 000 倍液、或 2.5% 高效氯氟氰菊酯乳油 2 000 倍液；或 0.5 亿 /mL 芽孢的青虫菌液。

28. **桃蛀螟** [*Conogethes punctiferalis*.(Guenée)]（图 6–8）属鳞翅目草螟科蛀野螟属的一种昆虫，也称桃蛀野螟。幼虫俗称蛀心虫，属重大蛀果性害虫。主要分布于我国的 10 余个省。

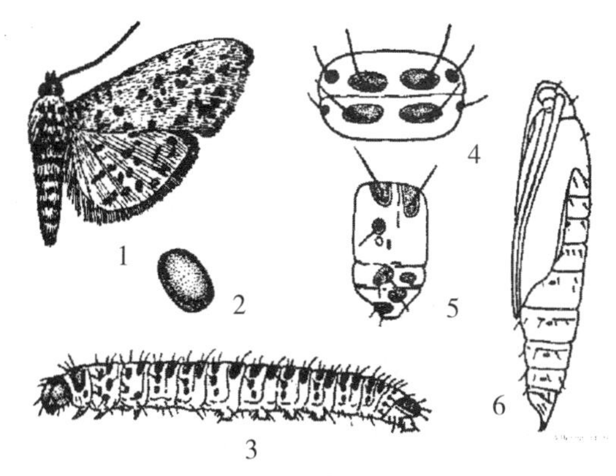


图 6-8 桃蛀螟

1. 成虫 2. 卵 3. 幼虫 4. 幼虫第四腹节（背面观）

5. 幼虫第四腹节（侧面观） 6. 蛹

（1）危害特点 危害桃、葡萄、李、梅、杏、梨、柿、板栗、柑橘等果实，向日葵、玉米、高粱等粮油作物。石榴受其危害，果实腐烂、造成落果或干果挂在树上，失去食用价值，产量和商品率严重下降，素有“十果九蛀”。

（2）形态特征 成虫：体长 12 mm 左右，翅展 22 ～ 25 mm，黄至橙黄色，体、翅表面具许多黑斑点似豹纹：胸背有 7 个；腹背第 1 和 3 ～ 6 节各有 3 个横列，第 7 节有时只有 1 个，第 2、8 节无黑点，前翅 25 ～ 28 个，后翅 15 ～ 16 个，雄第 9 节末端黑色，雌不明显。卵椭圆形，长 0.6 mm，宽 0.4 mm，表面粗糙布细微圆点，初乳白渐变橘黄、红褐色。幼虫：体长 22 mm，体色多变，有淡褐、浅灰、浅灰蓝、暗红等色，腹面多为淡绿色。头暗褐，前胸盾片褐色，臀板灰褐，各体节毛片明显，灰褐至黑褐色，背面的毛片较大，第 1 ～ 8 腹节气门以上各具 6 个，成 2 横列，前 4 后 2。气门椭圆形，围气门片黑褐色突起。腹足趾钩不规则的 3 序环。蛹：长

13 mm，初淡黄绿后变褐色，臀棘细长，末端有曲刺6根。茧：长椭圆形，灰白色。

（3）生活史及习性　桃蛀螟发生3～4代，主要以老熟幼虫在干僵果内、树干枝杈、树洞、翘皮下、贮果场、土块下及玉米、高粱、秸秆、玉米棒、向日葵花盘、蓖麻种子等处结厚茧越冬。越冬代成虫4月下旬始见。成虫白天静伏于枝叶稠密处的叶背、杂草丛中，夜晚飞出活动，羽化、交尾、产卵、取食花蜜、露水以补充营养，对黑光灯有较强趋性，对糖醋液也有趋性。卵多散产在果实萼筒内，其次为两果相靠处及枝叶遮盖的果面或梗洼上。发生期长，世代重叠严重。初孵幼虫啃食花丝或果皮，随即蛀入果内，食掉果内籽粒及隔膜，同时排出黑褐色粒状粪便，堆集或悬挂于蛀孔部位，遇雨从虫孔渗出黄褐色汁液，引起果实腐烂。幼虫一般从花或果的萼筒、果与果、果与叶、果与枝的接触处钻入。卵、幼虫发生盛期一般与石榴花、幼果盛期基本一致，第一代卵盛期在6月上旬，幼虫盛期6月上、中旬，第二代卵盛期在7月上、中旬，第三代卵盛期在8月上旬，幼虫盛期在8月上中旬。

（4）防治方法　①消灭越冬幼虫。4月底对树体刮老皮，冬季清除果园周围的玉米、向日葵等越冬寄主的残株，集中起来及时处理。②黑光灯诱杀。利用成虫的趋光性和趋化性，既可预测预报成虫发生期，又可诱杀未产卵的成虫，还可指导果园内查卵工作，确定喷药适宜时期。③药剂防治。各代成虫高峰期选用50%敌敌畏乳油1 000倍液，或40%乐果乳油1 200倍液，或20%灭扫利乳油2 000～2 500倍液防治。④摘除虫果和捡拾落果，及时消灭果内幼虫。⑤因桃蛀螟寄主较多，还得注意玉米、向日葵及其他果树等寄主植物的防治工作。

29. **草履蚧**（*Drosicha corpulema* Kuwana）（图 6-9）又称树虱子、草履硕蚧、草鞋介壳虫、草鞋虫等，属同翅目草履蚧属昆虫，是一种食性杂、分布广、危害重的刺吸式口器害虫。

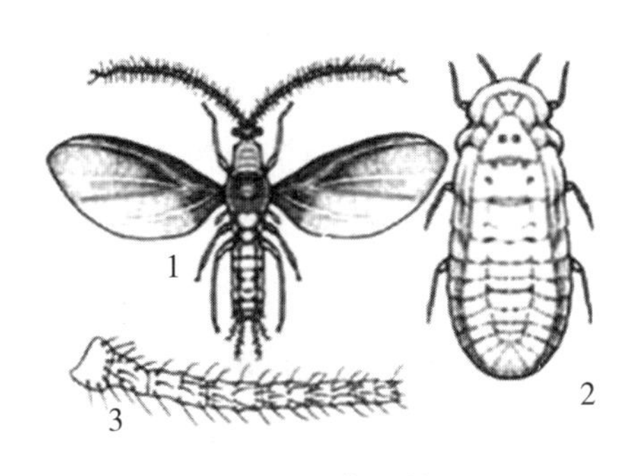


图 6-9　草履蚧

1. 雄成虫　2. 雌成虫　3. 雄成虫触角

（1）危害特点　除危害核桃、桃、梨、苹果、杏、李、枣、樱桃、果桑、石榴、无花果、柿、板栗、柑橘、枇杷、荔枝等果树外，还危害刺槐、白蜡、杨、柳、雪松、法桐等绿化树。树木受害后，树势衰弱、枝梢枯萎、发芽迟缓、叶片早落，甚至枝条或整株枯死，造成巨大的经济损失。

（2）形态特征　成虫：雌虫无翅，体长 10 mm 左右，扁平椭圆形，草鞋状，赤褐色，被白色蜡状粉。雄虫紫红色，体长 5 ～ 6 mm，翅 1 对，淡黑色。若虫：与雌虫相似，但小，色深。雄蛹：圆筒形，褐色，长约 5 mm，外被白色绵状物。

（3）生活史及习性　1 年发生 1 代，以卵和初孵若虫在树干基部土壤中越冬。越冬卵于翌年 2 月上旬到 3 月上旬孵化，若虫出土后爬上寄主主干，沿树干爬至嫩枝、幼芽等处取食。低龄若虫行动不活泼，喜在树洞或树杈等处隐蔽群居；3 月底 4 月初若虫第一次蜕皮，开始分泌蜡质物；4 月下旬至 5 月上旬雌若虫第三次蜕皮后变为雌成虫，并与羽化的雄成虫交尾；至 6 月中下旬开始下树，钻入树干周围石块下、土缝等处，分泌白色绵状卵囊，产卵其中，分 5 ～ 8 层 100 ～ 180 粒。

（4）防治方法　①翻地灭卵。翻土除卵，收集树干周围土中卵囊集中烧毁。此法不容易拾净卵囊只能减少土中卵量。②覆膜以阻止害虫出土。在草履蚧出土前在地表覆盖地膜，以树干为中心覆盖半径为 1m 的圆圈，并压实所有缝隙阻止若虫出土。③树干基部缠绕胶带阻止害虫上树。2 月初若虫上树前，刮除树干基部粗树皮然后缠绕普通胶带，使胶带与树体严密接触阻止若虫上树。草履蚧上树时都会聚集到胶带以下，然后人工处理即可，也可缠绕两道胶带，防止“漏网之鱼”。这种方法操作简单，是控制草履蚧的主要措施。④树干“穿裙”收集下树害虫。5 月上旬雌成虫下树产卵前，在树干捆绑草把，下口绑实上口疏松，形成倒穿的“裙子”，给草履蚧创造越冬产卵场所收集草履蚧。6 月份把草裙弄下烧毁即可。⑤草履蚧上树后的补救措施。草履一旦上树只能靠农药来消灭它，选择晴天中午喷药。药剂可选用螺虫乙酯、噻嗪酮、吡蚜酮、噻虫嗪、甲维盐、高氯甲维盐等内吸和触杀性农药。

30. **黑蛀螟**（*Euzophera batangensis*）　寄生于柿和板栗枝干部。

（1）危害特点　幼虫蛀食枝干部、剪锯口及嫁接口新生愈伤组织，危害处有深褐色虫粪排出。影响树势及品质，危害处易引发柿炭疽病，严重时可造成柿树整株死亡。

主枝、侧枝的分叉部，大枝的切口，以及嫁接部位常见危害，且一度被害后有集中危害的倾向。被害部位常因果实膨大、强风以及农事操作等易折断。从不同品种受害程度看，富平尖柿、“早秋”“大秋”“富有”“伊豆”等树皮粗的树种危害较重，“火晶”“火罐”“方柿”“阳丰”“次郎”“新秋”等危害较轻；管理粗放的新嫁接幼树及苗木危害较为严重；管理精细、树势强健的柿树被害部位有被树脂覆盖，有时可见幼虫窒息而死的现象，危害相对较轻。新嫁接幼树或苗木，若不及时防治可造成幼树或苗木死亡。

（2）形态特征　初龄幼虫呈乳白色，幼虫共 5 龄，老熟幼虫呈浅褐色，体长 10 mm 左右，棕黄色，长 6 mm 左右，茧白色絮状较薄，成虫灰黑色，有 2 对翅。

（3）生活史及习性　以幼虫在树皮下的形成层内越冬。每年通常发生 3 ～ 4 次，成虫分别在 4 月下旬至 5 月上旬、6 月、7 月、8 月上旬至 9 月上旬发生。据观察，3 月底幼虫、蛹、老熟幼虫同时出现，世代交替现象严重。5 月底至 6 月初嫁接部位出现幼虫危害。

（4）防治方法　从 4 月开始，刮除被害处粗皮，然后喷（或涂抹）药 2 ～ 3 次，每次间隔 20 天左右。所用药剂为 20% 稻丰散 600 倍液（48% 毒死蜱 600 ～ 800 倍液）+1% 甲氨基阿维菌素苯甲酸盐 1 000 倍液 +2.5% 高效氯氰菊酯 1 000 倍液 + 有机硅 2 000 倍液等药剂。

**31. 日本龟蜡蚧**（*Ceroplastes japonicas*.Guaind）　在中国分布极其广泛，危害多达 100 多种植物，其中大部分属果树。严重影响当年产量及品质，甚至严重影响翌年产量，并引发柿煤污病大量发生。

（1）危害特点　主要危害柿、梨、枣、苹果等树种。以若虫固着在叶片和枝条刺吸汁液，将蜜露排泄在枝叶上。7～8月雨季诱发霉菌寄生，枝叶果实布满黑霉，影响光合作用和果实生长，引发果实脱落，造成严重减产。严重危害时造成枝条枯死。

（2）形态特征　雌成虫：体长2～3 mm，椭圆形，紫红色，背覆白色蜡质介壳，介壳中央隆起，表面有龟甲状凹陷。雄成虫：体淡红色，长1.3 mm，翅展2.2 mm，翅透明。卵：椭圆形，长0.2 mm，橙黄色至紫红色。若虫：初孵若虫体形扁平，椭圆形，长0.5 mm。若虫在叶面固定12～24小时，背面开始出现白色蜡点，3天左右蜡质相连成粗条状，虫体周围出现白色蜡刺，若虫后期蜡质加厚。雌若虫形似雌成虫，背部微隆起，周边有7个圆突，形似龟甲。雄若虫蜡壳长椭圆形，呈芒状。

（3）生活史及习性　年生1代，以受精雌虫主要在1～2年生枝上越冬。翌春寄主发芽时开始为害，虫体迅速膨大，成熟后产卵于腹下。产卵盛期：南京5月中旬，山东6月上中旬，河南6月中旬，山西6月中下旬。每雌产卵千余粒，多者3 000粒。卵期10～24天。初孵若虫多爬到嫩枝、叶柄、叶面上固着取食，8月初雌雄开始性分化，8月中旬至9月为雄化蛹期，蛹期8～20天，羽化期为8月下旬至10月上旬，雄成虫寿命1～5天，交配后即死亡，雌虫陆续由叶转到枝上固着为害，至秋后越冬。可行孤雌生殖，子代均为雄性。

（4）防治方法　①结合冬季修剪，剪除越冬雌虫，集中烧毁，还可用刷子刷除，集中消灭。②落叶后至发芽前，喷5波美度的石硫合剂。③在6月中下旬至7月上旬，若虫孵化盛期和孵化结束，各喷 1 次农药，所用药剂为 20% 稻丰散乳油 600 ～ 800 倍液或 48% 毒死蜱乳油 1 500 ～ 2 000 倍液 + 有机硅 3 000 倍液等杀虫剂。

32. **斑衣蜡蝉**（Lycorma delicatula White） 是同翅目蜡蝉科的昆虫，民间俗称花姑娘、椿蹦、花蹦蹦、灰花蛾等。分布于我国山西、山东、河南、河北、陕西、四川、江苏、浙江、湖北、安徽、广东、云南、台湾等地。

（1）危害特点　以成虫、若虫群集在叶背、嫩梢上刺吸危害，栖息时头翘起，有时可见数十头群集在新梢上，排列成一条直线；引起被害植株发生煤污病或嫩梢萎缩，畸形等，严重影响植株的生长和发育。斑衣蜡蝉自身有毒，会喷出酸性液体，若不小心接触到会出现红肿，起小疙瘩。

（2）形态特征　成虫：体长 15 ～ 25 mm，翅展 40 ～ 50 mm，全身灰褐色；前翅革质，基部约三分之二为淡褐色，翅面具有 20 个左右的黑点；端部约三分之一为深褐色；后翅膜质，基部鲜红色，具有黑点；端部黑色。体翅表面附有白色蜡粉。头角向上卷起，呈短角突起。翅膀颜色偏蓝为雄性，翅膀颜色偏米色为雌性。卵长圆柱形，长 3 mm，宽 2 mm 左右，状似麦粒，背面两侧有凹入线，使中部形成一长条隆起，隆起的前半部有长卵形的盖。卵粒平行排列成卵块，上覆 1 层灰色土状分泌物。若虫：初孵化时白色，不久即变为黑色。1 龄若虫体长 4 mm，体背有白色蜡粉形成的斑点。触角黑色，具长形的冠毛。2 龄若虫体长 7 mm，冠毛短，体形似 1 龄。3 龄若虫体长 10 mm，触角鞭节小。4 龄若虫体长 13 mm，体背淡红色，头部最前的尖角、两侧及复眼基部黑色。体足基色黑，布有白色斑点。

（3）生活史及习性　群居的成虫，斑衣蜡蝉喜干燥炎热处。一年发生 1 代。以卵在树干或附近建筑物上越冬。翌年 4 月中下旬若虫孵化危害，5 月上旬为盛孵期；若虫稍有惊动即跳跃而去。经三次蜕皮，6 月中、下旬至 7 月上旬羽化为成虫，活动危害至 10 月。8 月中旬开始交尾产卵，卵多产在树干的南方，或树枝分叉处。一般每块卵有 40 ～ 50 粒，多时可达百余粒，卵块排列整齐，覆盖白蜡粉。成、若虫均具有群栖性，飞翔力较弱，但善于跳跃。

（4）防治方法

①结合管理和冬春修剪消灭越冬卵块。

②利用群集性，可用捕虫网捕捉成虫。果园内及附近不种椿类等喜食寄主，以减少虫源。

③在低龄若虫和成虫危害期，交替选用 30% 氰戊 · 马拉松（7.5% 氰戊菊酯加 22.5% 马拉硫磷）乳油 2 000 倍液、50% 敌敌畏乳油 1 000 倍液、2.5% 氯氟氰菊酯乳油 2 000 倍液、90% 晶体敌百虫 1 000 倍混加 0.1% 洗衣粉、10% 氯氰菊酯乳油 2 000 ～ 2 500 倍液、50% 杀虫单可湿性粉剂 600 倍液喷雾。④保护和利用寄生性天敌和捕食性天敌，以控制斑衣蜡蝉，如寄生蜂等。

# 附 录

**柿树栽培管理月历**

| 物候期 | 月份 | 土水肥管理 | 病虫害防治管理 | 修剪及花果管理 |
|---|---|---|---|---|
| 萌芽期 | 3 月 | 根外追肥，喷 0.2% 硼砂、0.3% 磷酸二氢钾。 | 1. 熬制石硫合剂，原料比例为生石灰：硫磺：水 =1：2：（10 ～ 12）。<br>2. 柿树芽体萌动时，树冠喷 5 波美度的石硫合剂，防治柿棉蚧、柿长绵蚧及柿角斑病、柿圆斑病，柿炭疽病等病虫害。<br>3. 刮治柿炭疽病病疤：先用小刀刮除病疤部位的黑色组织，并及时涂抹创愈灵、甲基硫菌灵等伤口保护剂。<br>4. 柿绒蚧防治：展叶至开花前用 5% 溴氰菊酯乳油 4 000 ～ 5 000 倍喷药防治。 | 1. 修剪：抹芽，结果母枝抽发多个结果枝在中部选留 2 个结果枝，其余宜早抹除。<br>2. 疏蕾：在结果枝上第一朵花开放至第二朵花开放时完成疏蕾，疏蕾时除保留开花早的 1 ～ 2 朵花以外，结果枝开花迟的蕾全部疏除，才开始挂果的幼树，应将主、侧枝上的所有花蕾全部统除。<br>3. 促进授粉：对单性结实能力低的柿园，除栽植时配置一定比例的授粉树外，在花期还可以采取下列方式促进授粉。<br>4. 果园放蜂：每 4 ～ 5 公顷置一个蜂箱。<br>5. 人工授粉；花期遇低温，刮风、下雨，蜜蜂活动受影响时，可采用人工授粉。 |

续表

| 物候期 | 月份 | 土水肥管理 | 病虫害防治管理 | 修剪及花果管理 |
| --- | --- | --- | --- | --- |
| 新梢生长期 | 4月 | 1. 施肥：盛果期柿园每亩施腐殖酸含量为45%的精制有机肥100～150 kg，复合肥（45%含量）50 kg左右，中微量（硅钙镁钾或硅钙镁肥）50 kg；幼园及初挂果园适当减少氮肥用量及总用肥量。<br>2. 适时浇水，做好保摘工作，幼树覆盖树盘。<br>3. 加强土壤中耕，弥合土壤缝隙，减少土壤水分的蒸发损失。 | 1. 4底前结束柿炭疽病病疤刮治。<br>2. 喷0.2度石硫合剂；喷0.5%～0.6%石灰倍量式波尔多液或70%大生1 500倍液，剪除柿黑星病病梢、病叶、病果。 | 1. 及时进行嫁接和桥接。<br>2. 激素处理：可在盛花期喷2、4–D5～10 ppm或赤霉素200 ppm。<br>3. 选留方位适当、健壮枝作骨干枝，对第一剪口芽扶正绑直；非骨干枝20～30 cm时摘心，硫除过密枝。 |
| 开花期 | 5月 | 及时中耕除草、继续施保果肥，成年结果树每株0.5～1 kg尿素，还可配合施部分磷肥。 | 1. 柿长绵蚧、柿蒂虫的防治：下旬树冠喷20%稻丰散800倍液（或48%毒死蜱1 000～1 500倍液）+2.5%氯氟氰菊酯1 000～1 500倍液+1%甲氨基阿维菌素苯甲酸盐1 500倍液+有机硅3 000倍液等药剂。<br>2. 黑蚱螟防治：5月上中旬嫁接口处涂抹20%稻丰散300倍液（或48%毒死蜱500倍液）+2.5%氯氟氰菊酯500倍液+有机硅1 000倍液等药剂。<br>3. 喷2.5%敌杀死4 000倍液，防治柿小叶蝉，柿蒂虫；喷1 500倍70%大生M—45，抑制白粉病、炭疽病。 | 1. 保花保果：花期对幼旺柿树进行环割，环割时以割透皮层为宜，严防伤及木质部，同时，严防对环割伤口处的皮层造成二次挤压伤害，环割后对伤口及时余抹石硫合剂等杀菌剂；<br>2. 花期喷0.1%的硼砂+300 mg/kg的赤霉素或0.3%的尿素+0.1%的硼砂+0.5%的磷酸二氢钾。<br>3. 疏除营养不良的花蕾。 |

续表

| 物候期 | 月份 | 土水肥管理 | 病虫害防治管理 | 修剪及花果管理 |
| --- | --- | --- | --- | --- |
| 实第一次膨大期 | 6月 | 1. 松土除草，除去树干基部的堆土。<br>2. 施稳果肥，适当增施钾肥。<br>3. 果实迅速膨大期遇干旱及时灌溉。<br>4. 及时补充树体营养，追肥应以氮磷肥为主，最好施用磷酸二铵。 | 1. 柿绵、柿炭疽病防治：6月上旬树冠喷80%代森锌800～1 000倍液（或代森锰锌）+48%毒死蜱1 000～1 500倍液 + 有机硅3 000倍液等药剂。<br>2. 龟蜡、落叶病防治：6月中下旬树冠各喷1次22.4%二氰蒽醌800倍液（或50%咪鲜胺800倍液）+ 芽孢杆菌1 500倍液 +20%稻丰散800倍液，2次喷药时间间隔10天左右。<br>3. 喷2.5%敌杀死4 000倍液杀死柿小叶蝉，喷1：2～5：600波尔多液，防治柿圆斑病、角斑病、白粉病。<br>4. 摘除树上虫果。 | 疏果：在6月下旬生理落果即将结束时进行疏果。先疏涂小果、萼片受伤果，畸形果、病虫果，向上着生的果易日灼，也应疏除，每一结果枝上可留1～2果或2～3果，保留果的叶果比为15：1左右。 |
| 实第二次膨大期 | 7月 | 1. 施膨果肥：株施磷酸二铵0.12 kg+ 硫酸钾0.5 kg，在幼果期应适当浇水；<br>2. 追肥：盛果期根据柿园树势及挂果量每亩施45%高氮低磷高钾复合肥50kg左右。 | 1. 7月中下旬树冠喷1～2次20%稻丰散800倍液（或48%毒死蜱1 500倍液）+1%甲氨基阿维菌素苯甲酸盐1 500倍液 +80%代森锌800～1 000倍液（或22.4%二氰蒽醌600～800倍液）+2.5%氯氟氰菊酯1 500倍液等药剂。两次间隔10天。<br>2. 嫁接口处涂抹20%稻丰散300倍液 +2.5%氯氟氰菊酯500倍液 + 有机硅1 000倍液等药剂防治黑蚱蝉。<br>3. 喷布20%灭扫利2 500倍液或2.5%敌杀死4 000倍液，摘除柿蒂虫危害果。<br>4. 喷波尔多液。 | 1. 疏除过密枝。<br>2. 徒长枝、旺枝摘心，摘留长度30～40 cm。 |

续表

| 物候期 | 月份 | 土水肥管理 | 病虫害防治管理 | 修剪及花果管理 |
| --- | --- | --- | --- | --- |
| 实第二次膨大期 | 8月 | 1. 及时中耕除草，减少土壤蒸发，降低柿园空气湿度，阻止病虫害传播蔓延。<br>2. 雨后及时排水。<br>3. 叶面喷布 0.3% ～ 0.5% 的尿素，磷酸二氢钾等。<br>4. 8月下旬根据挂果量及树势每亩施45% 高氮低磷高钾复合肥和尿素各 30 kg 左右（尿素用量可根据挂果量及树势适当增减）。 | 1. 柿炭疽病防治：树冠喷 22.4% 二氰蒽醌 600 ～ 800 倍液 + 芽孢杆菌 1 500 倍液或 84% 王铜可湿性粉剂 800 ～ 1 000 倍液，两次间隔 15 天左右。<br>2. 摘除柿蒂虫危害果；刮掉粗皮，绑草把，诱集柿蒂虫越冬幼虫。<br>3. 加强对柿绵蚧的防治。 | 1. 回缩更新培养新结果枝组。<br>2. 剪除染病枝梢，减少柿炭疽病的发生。 |
| 实第二次膨大期 | 9月 | 1. 继续深翻改土，压埋绿肥。<br>2. 遇到干旱及时灌溉遇秋旱需淋水。<br>3. 施膨果肥；株施二铵 0.3 kg+ 硫酸钾 0.5 kg，控制水分。<br>4. 及时中耕除草，减少柿炭疽病的发生。 | 1. 树冠喷 0.5 波美度的石硫合剂两次，2 次间隔 15 天左右。<br>2. 摘除柿蒂虫危害果，喷辛硫磷杀灭柿蒂虫，喷波尔多液防炭疽病。 | 1. 剪除病枝、病果带出柿园集中深埋或烧毁。<br>2. 强营养供给，防止采前落果。 |
| 实成熟期 | 10月 | 翻深 25 cm 左右，翻后细耙，株施农家肥 50 ～ 100 kg，加施 0.5 kg 尿素，1 kg 过磷酸钙，1.5 kg 硫酸钾。 | 1. 10月上旬树冠喷 1 次 0.5 波美度的石硫合剂。<br>2. 喷 50% 辛硫磷 +20 号柴油乳剂 120 倍液。 | 适时采收，过早采收会影响柿饼质量，过晚采收影响商品率。 |

续表

| 物候期 | 月份 | 土水肥管理 | 病虫害防治管理 | 修剪及花果管理 |
| --- | --- | --- | --- | --- |
| 落叶期 | 11 月 | 施农家肥，盛果期柿园开沟或结合深翻每亩施腐熟纯鸡粪肥或其他农家肥 2 ～ 3 $m^3$。 | 1. 清除园内病果。<br>2. 主干涂白：其配制比例是水 20 kg、生石灰 5 kg、石硫合剂 15 kg、食盐 0.5 kg、食油少许，混合搅匀后涂刷主干。主要作用是防冻、消灭越冬病虫传播源。 | 1. 刮除老翘皮。<br>2. 进行柿饼加工，鲜果销售。 |
| 休眠期 | 12 月 | 1. 人工清园：剪除病枝、病果，清除地表枯枝、落叶，带出柿园集中深埋或烧毁；<br>2. 全园深翻，冬灌。 | 人工清园，剪除病枝、病果，清除地表枯枝、落叶，带出柿园集中深埋或烧毁。 | 疏除大枝、外围直立枝、交叉枝、重叠枝、并生枝等；对结果后细弱的枝组，应回缩至后部壮枝分杈处；对先端下垂的枝重回缩；短截部分结果母枝。 |
|  | 1 月 | 储备拉运肥料。 | 1. 1 月底前树干基部绑扎宽 30 cm 左右的塑料带，阻止草履蚧上树危害树干。<br>2. 涂白：刮除粗枝翘皮，对树干主枝分枝以下进行树干涂白。 | 1. 冬剪：开张主枝角度 70° ～ 80° 为宜，精简大枝数量，克服上强下弱，内稀外密等矛盾，选留平斜强壮结果母枝。<br>2. 疏除大枝、外围直立枝、交叉枝、重叠枝、并生枝等；对结果后细弱的枝组，应回缩至后部壮枝分杈处；对先端下垂的枝重回缩；短截部分结果母枝。 |

续表

| 物候期 | 月份 | 土水肥管理 | 病虫害防治管理 | 修剪及花果管理 |
| --- | --- | --- | --- | --- |
| 休眠期 | 2月 | 1. 施肥：施速效肥促进枝梢生长。<br>2. 水分管理：柿树萌芽抽梢时需充足的水分，在易出现春旱的柿树产区，柿树萌芽抽梢时遇下旱应及时灌溉，以保证萌券健壮饱满。 | 1. 焚烧树干绑草，杀灭草把中越冬的柿蒂虫幼虫。<br>2. 主要防治角斑病，彻底摘除树上残留的柿蒂，清除弱源，春季发芽前喷4～5波美度石硫合剂。<br>3. 草履危害严重柿园，2月底树冠喷48%毒死蜱1 000～1 500倍液（或20%稻丰散600倍液）+有机硅助剂3 000倍液等药剂。<br>4. 新梢开始发病时喷50%多菌灵800～1 000倍液防治。 | 1. 剪除刺蛾虫茧，尽快结束冬剪。<br>2. 需换种的低产园及时进行换接良种。 |

# 主要参考文献

[1] 王文江，王仁梓．柿优质品种及无公害栽培技术 [M]. 北京：中国农业出版社，2007.

[2] 冯锁劳，宋宽平．富平尖柿优质高效栽培技术 [M]. 北京：中国农业出版社，2019.

[3] 中国科学院中国植物志编辑委员会．中国植物志（第六十卷第一分册）[M]. 北京：科学出版社，1987.

[4] 孙益知，孙光东．柿树病虫害防治明明白白 [M]. 北京：中国农业出版社，2011.

[5] 曲泽洲，孙云蔚．果树种类学 [M]. 北京：中国农业出版社，1990.

[6] 陕西省果树研究所，山东农学院，河南省博爱县农林局．柿 [M]. 北京：中国林业出版社，1982.

[7] 赵海珍，张宏潮，胡玉华．柿树栽培与柿果加工 [M]. 北京：中国林业出版社，1989.

[8] 王劲风，方正明．甜柿引种栽培 [M]. 北京：中国农业出版社，1995.

[9] 王仁梓．甜柿品种与栽培 [M]. 北京：中国农业科技出版社，1993.

[10] 王仁梓 . 甜柿优质丰产栽培技术 [M]. 西安：世界图书出版公司西安公司，1995.

[11] 浙江农业大学,四川农学院,河北农业大学等 . 果树病理学 [M]. 上海：上海科学技术出版社，1984.

[12] 罗正荣，王仁梓 . 甜柿优质丰产栽培技术彩色图说 [M]. 北京：中国农业出版社，2001.

[13] 刘永居 . 北方果树整形修剪图说 [M]. 北京：中国林业出版社，1997.

[14] 都荣庭，刘孟军 . 中国干果 [M]. 北京：中国林业出版社，2005.

[15] 李高潮，王仁梓，杨勇 . 柿品种性状演变与分化研究 [J]. 西北农业学报 , 2002，11（1）：68–71.

[16] 罗正荣，蔡礼鸿，胡春根 . 柿属植物种质资源及其利用研究现状 [J]. 华中农业大学学报 , 1996，15（4）：381–388.

[17] 王文江，刘永居，王永惠 . 大磨盘柿树光合特性的研究 [J]. 园艺学报 , 1993，20（2）：105–110.

[18] 韩其谦，王文江等 . 柿树花芽分化的观察 [J]. 烟台果树，1985（3）：12–15.

[19] 河北省地方标准 .《DB13/T 476–2002 柿果实质量》[S]. 河北省质量技术监督局发布 . 2003.

[20] 中华人民共和国国家标准 GB/T20453–2006 柿子产品质量等级 [S]. 中华人民共和国国家质量监督检验检疫总局 , 中国国家标准化管理委员会发布 . 2006.

[21] 河北省地方标准 .《DB13/T 601–2005 无公害果品磨盘柿生产技术规程》[S]. 河北省质量技术监督局发布，2005.

[22] 中华人民共和国国家标准 GB/T20453 ～ 2006 柿子产品质量等级 . 北京：标准出版社，2006.

[23] 北京农业大学．果树昆虫学 [M]. 北京：农业出版社，1987.
[24] 王民生，君广仁，刘三保，等．柿子栽培与贮藏加工 [M]. 西安：陕西科学技术出版社 , 2002.
[25] 王仁梓．柿病虫害及防治原色图册 [M]. 北京：金盾出版社，2006.
[26] 中国农作物病虫图谱编绘组．中国农作物病虫图谱：第十分册落叶果树病虫 [M]. 北京：中国农业出版社，1988.
[27] 冯义彬．柿子高效优质栽培技术 [J]. 北方果树 , 2002（1）: 29–31.
[28] 王仁梓．图说柿高效栽培关键技术 [M]. 北京：金盾出版社，2009.